CONTENTS

ランボルギーニ カリスマの神話

フェルッチオのアイデア 1916～1993	2
ランボルギーニの男たち 1963～2005	12
350GTV 1963	16
350GT 1964～1966	20
3500GTZ 1965	24
350GTS 1965	26
400GT 1966～1967	28
モンツァ400 1966	34
フライング・スターII 1966	36
ミウラP400 1965～1968	38
マルツァル 1967	46
ミウラ・ロードスター 1968	48
イスレロ 1968～1969	52
ミウラS 1968～1971	56
エスパーダ 1968～1978	60
ミウラ・イオタ 1970	68
ハラマ 1970～1976	70
ウラッコ 1970～1979	76
ミウラSV 1971～1972	80
カウンタックLP500／LP400 1971～1977	84
ブラーヴォ 1974	90
シルエット 1976～1979	92
オフロード・ヴィークル 1977～1992	96
カウンタックS 1978～1985	106
アトン 1980	112
ジャルパ 1981～1988	114
カウンタック・クアトロヴァルヴォーレ 1985～1988	118
ジェネシス 1988	124
カウンタック"アニヴァーサリー" 1988～1990	126
ディアブロ 1990～1999	130
ディアブロVT 1993～2000	136
ディアブロSE 1993～1995	138
カラ 1995	142
ディアブロVTロードスター 1995～2000	146
ラプトール 1996	151
ディアブロSV／SVR／SVロードスター 1996～2000	152
ディアブロGT 1999～2000	158
ディアブロGTR 1999～2000	162
ディアブロ6.0 2000～2001	166
ムルシエラゴ 2001～	170
ガヤルド 2003～	178
ムルシエラゴ・ロードスター 2004～	188
コンセプトS 2005	194
モータースポーツ	196

2005年、イタリア車の代表的存在となったミウラが生誕40年を迎えた。ランボルギーニ社が設立されたのは、このミウラ誕生のわずか数年前である。語り継がれるものというのはいつの時代においてもそうであるように、ボローニャ郊外のサンタガータにあるこの会社の歴史もまた、栄光と苦難に満ちたものだ。トーロ（猛牛）のエンブレムを付けたクルマたちはフェルッチオ・ランボルギーニそのものであり、アグレッシヴで魅力的で、そして力強い。

この本ではモデルごとにそのストーリーを追った。偉大なストーリーだけが与えることのできる、まるでトーロそのものの、強い情熱を感じ取っていただければ幸いである。

マウロ・テデスキーニ
クアトロルオーテ誌ディレクター

フェルッチオのアイデア 1916〜1993

前史

1963年、トリノ・ショーでのデビューを前に、フェルッチオがジャーナリストたちにランボルギーニの最初のモデル、350GTVを披露。この時、舞台として選ばれたのはフェッラーラ地方、チェントのトラクター工場だった（サンタガータの工場は建設中であった）。1台のみ製作された350GTVだが、現在は日本のコレクターが所有する。3ページの写真は2台の彼の宝、トラクターとハラマの間に立つフェルッチオ。

広大なエミリア・ロマーニャ州——。この地ではすべてがエンジンと結びついている。ここで生まれた人間とエンジンは常に絡み合い、世界を股にかけ、しのぎを削っているのだ。端的に言うならば、ビジネスのうえでもモータースポーツの世界でも、強い結びつきを持っているということである。

ランボルギーニ・アウトモービリもそのひとつだ。この会社もまた、始まりはすべて"接触（コンタクト）"だった。というよりも、"衝突（コンフリクト）"と呼んだほうが正確だろう。それは、フェルッチオ・ランボルギーニとエンツォ・フェラーリという、ふたつの強烈な個性のぶつかり合いで幕を開けた。

1960年代はじめ、マラネロのエンツォはさほど知られた存在ではなかった。世界的な成功に向けた一歩を踏み出したばかりだったのだ。いっぽう、フェルッチオはすでに実業家としてその名を馳せていた。彼が所有するトラクター工場は順調で、トラクターはもちろん（彼のトラクターは、市場では最良の一台と評価されていた）、そこに投入された技術もすばらしいものだった。また、フェルッチオは完璧主義者で、この性格は自身の仕事にも反映されていたが、同時に彼は自分の所有車にも完璧であることを求めた。彼はフェラーリ250を日常の足としていたのだが、このクルマは走行中、（ニュートラル以外に入れると）しばしばディファレンシ

2 Quattroruote・Passione Auto

Passione Auto • **Quattroruote** 3

急ピッチで建設

サンタガータ・ボロネーゼに建設中のランボルギーニの工場。かなり短期間で建設された。自動車製作の分野では世界的に高いプレステージを持つ地域だ。下の写真が撮影されたのは1964年で、工場の航空写真。現在は写真の緑の部分にも工場が建設されている。

ャルからノイズを発した。これがフェルッチオをいらだたせた。

そこで彼はクライアントとして、もとい同業者として、はたまた同郷人として、エンツォ・フェラーリに直談判に出かけた。しかし、この頃のエンツォは、相手が王様であろうと、社長であろうと、権力者、映画スター、VIPであろうと、自分のクルマを欲しがる人間を待たせることをなんとも思っていなかった。この彼の（待たせるという）癖は、"外部者（よそもの）"にはエンツォの名声を高める手助けとなったが、「方言」「トルテリーニ（訳注：名物パスタ）」「ランブルスコ（訳注：名物ワイン）」、そして「男の生き方」を共有する"地元の人間"には悪癖としか映らなかった。そのエンツォの悪癖はフェルッチオを怒らせた。牡牛座のフェルッチオにはトーロのような激しさが宿っていたのだ。ましてや、エンツォに会うだけで満足するような彼ではなかった。

結局のところ、この出会いがランボルギーニという名車を生み出す活力源となり、フェラーリの上を行くクルマを造ることをフェルッチオに決意させたのである。

ランボルギーニのストーリー、その逸話のはじまりを理解するには、フェルッチオの生い立ちから青年時代にまで話を遡る必要がある。フェルッチオは1916年4月28日に、フェラーラ地方のチェントにある小さな村、レナッツォで

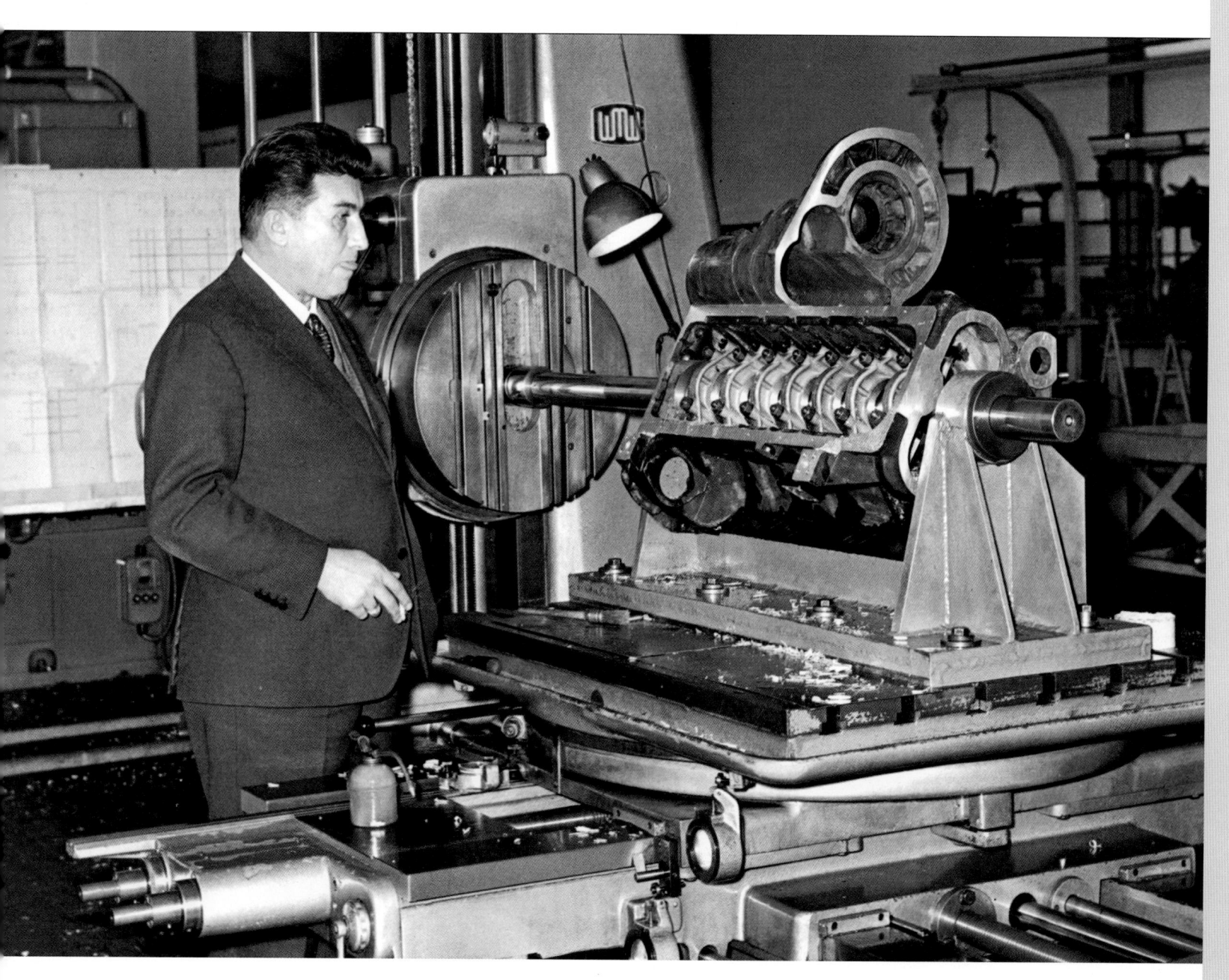

機械のエキスパート

根っからの機械好きであるフェルッチオ・ランボルギーニは、すべての部品を自らの手で製作することを試みた。写真は、ミウラのクランクジャーナルを製作する、いわゆる"ボーリング"を行なう工作機械を眺めるフェルッチオ。サンタガータにて。

Passione Auto • **Quattroruote** 5

6 **Quattroruote** • Passione Auto

生まれた。農民の子として生まれた彼は、先祖から受け継ぐ土地を耕すことで機械に触れ、そして機械を扱うことに魅力を感じる少年だった。しかし、第二次世界大戦はフェルッチオの青春時代を奪う。彼はギリシャのロードス島にある空軍基地で働いていたが、その後捕虜となり、故郷に戻ったときには30の歳を数えていた。

そのころ、荒れ果てたイタリアは再興をめざして動きはじめていた。レナッツォで学業を終えた若き技術者、フェルッチオがなすべきことは山のようにあった。トラックやジープの軍の払い下げ部品を使って、トラクターやトレーラー、農耕機械といった"経済を立て直す道具"を造ることからスタートした。この時代、復興は大地を一から耕すことから始められたのだ。

フェルッチオが製作する、これらのいっぷう変わった機械は評判になった。さまざまなクルマからかき集めた部品が、まるでパズルのごとく組み合わされていたのだが、それがパワーと信頼性を生み出していた。その評判は、他の地方からも注文が寄せられるほどだった。

商売が軌道に乗ったことで、33歳のフェルッチオはランボルギーニ・トラットリーチ社を立ち上げる。この会社は短期間で成長し、フェルッチオは商売を広げていった。彼のトラクターに使われたトーロのシンボルマークは高品質と頑丈さの証となった。品質と耐久性の高さによって、農民はもちろん、農業関係の企業からも信頼を得るようになったのである。この成功に

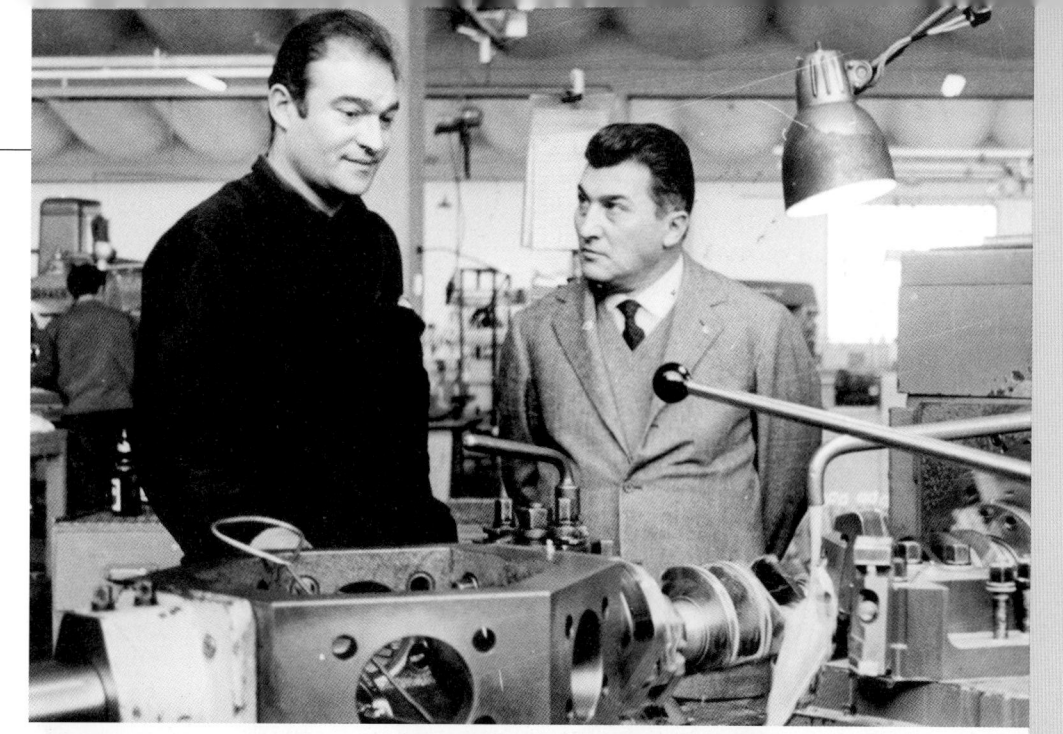

最初のライン

機械的なトラブルにはいつも彼が自ら対処した。企画から製作まですべての行程に目を光らせていたのだ。上は担当者と並ぶフェルッチオ。下はミウラのエンジンルームで"作業中"の彼。写真にあるキャブレターのファンネルは、最終的に採用されずに終わった。

軍隊の思い出
興味深い一枚。フェルッチオが手にするのは自動車部品ではなく"飯盒"。軍で使用されていたもの。厳しい時代の思い出として友人から贈られた。

自信をつけたフェルッチオは、1960年、ランボルギーニ・ブルチャトーリ社（訳注：ボイラーの意）を設立する。再建が始まったばかりのこの時代、農耕具と同様、暖房器具は最低限の暮らしに欠かせないもので、この会社の売り上げは数十億リラ級を記録した。

リスクを冒すことに慣れたフェルッチオは、強引な性質にさらに磨きがかかった。彼は自分が得意とする技術の話をするとき、相手に反論されることを極端に嫌うようになっていたのだ。こんな性格の成功者──50歳を迎えた金持ちの男が、マラネロで待たされたときの反応や、エンツォとの出会いで何を感じとったかは、想

像に難くないはずである。

　自ら乗用車を製作してやろう——。もちろん、仕返しといった単純な感情だけでこんな決意を固めたわけではないだろう。幸運と、そして彼の先を読む力が、この実業家の心を揺り動かしたのだ。サンタガータ・ボロネーゼにすでに広大な土地を所有していたフェルッチオに、工場建設地を確保する心配はなかった。すなわち、乗用車第1号の製作を妨げる余計な仕事はなにもなかったのである。とはいえ、工場建設前に着手された350GTVは、トラクターの工場で誕生した。この事実は、スポーツカーのエリート・コンストラクターの理解の範疇を超えてお

怒りの雄牛

　シンボルが作り手のキャラクターとここまで一致する例はそうそうあるものではない。

　エンブレムに用いられたトーロはマッチョで、闘う意志を漲らせ、角で相手を威嚇する。武器となるその脚には力が溢れ、まさに相手を叩きのめそうという緊張感に満ちている。

　このシンボルはフェルッチオの星座から選ばれたに違いなかろうが、それ以上に農耕機械の製作という彼の仕事から、雄牛の力にあやかろうと選ばれたのだろう。このエンブレムを与えられた最初のクルマがトラクターだったことは偶然ではないはずだ。彼のトラクターはトーロ同様、パワフルで頑丈だった。このエンブレムは、赤地に黒のトーロから黒地に金のトーロへと変わったが、囲まれたラインの上の部分には大文字で常にランボルギーニと記された。

最も愛した
フェルッチオらしい写真。ミウラのスケールモデルを眺める。当初、彼はミウラの生産台数を50台と予定していたが、その人気とマスコミの評判から台数を増やした。

り、しかも理解できぬばかりでなく、農耕機械に携わってきた人間がグラントゥリズモという芸術作品を造ることは、彼らにとっては屈辱的ですらあった。しかしフェルッチオは、トラクターの製作という形ではあるが、すでに初めの一歩を踏み出していたわけである。ミウラからエスパーダ、カウンタックからディアブロ、果てはムルシエラゴからガヤルドまで、乗用車を造ること自体、彼の宿命だったといってよいだろう。

そしてまた、悲劇も生まれた。会社そのものは、紛れもなく彼が生み出したという事実を証明する名前──ランボルギーニという名称とシンボルマークを残すだけとなり、すべてが彼の手から離れることになった。ヘリコプター、トラクターから乗用車に至るまで、それまでの人生を機械に寄り添って過ごしてきた彼は、結局のところ、大地に戻っていった。終の住処としてトラジメーノ湖の近く、パニカローラにある"フィオリータ"を選び、ここで彼はワインを造るようになった。彼のワインは「サングエ・ディ・ミウラ」、つまり"ミウラの血"と名づけられた。1993年2月20日、彼はその生涯を終える。ランボルギーニ社が最も難しい局面を迎えているときだった。

今日、ランボルギーニ社は危機を脱した。そして、ランボルギーニの造るクルマには、フェルッチオが挑戦を始めたあの頃のキャラクターが戻ってきている。そう、そのクルマたちはトーロを想わせるのだ。

大地への回帰
すべての事業を譲り、フェルッチオは晩年、「サングエ・ディ・ミウラ（ミウラの血）」と名づけられたワイン造りに専念した。トラジメーノ湖近く、パニカローラにある"フィオリータ"という彼の農場には、彼のクルマはもちろん、トラクターやヘリコプターが置かれていた。ようやく迎えた静かな暮らし。10ページの写真は、サンタガータ・ボロネーゼのモデナ通りにある、ランボルギーニ・アウトモービリ社の前に立つフェルッチオ。その右の写真はアジアのクライアントと商談中の一枚。

Passione Auto • **Quattroruote** 11

ランボルギーニの男たち 1963〜2005

（ジオット・ビッザリーニ）

（パオロ・スタンツァーニ）

（フランコ・スカリオーネ）

（カルロ・フェリーチェ・ビアンキ・アンデルローニ）

（ジャン・パオロ・ダラーラ）

（マッシモ・チェッカラーニ）

重要な貢献
ランボルギーニのキー・マンとなったスタッフのポートレート。彼らこそがランボルギーニの神話を創りあげたのである。ジオット・ビッザリーニ（上左）が同社で仕事をした期間は短かったが、その仕事内容は充実していた。特にヌッチオ・ベルトーネ（13ページ）との共同作業は長く、そして重要なものだった。

　たったひとりの実業家のアイデアから生まれたものだったとしても、そのアイデアを形にするには、最初の一歩からどんなときでも信頼することのできる協力者が必要である。ランボルギーニの場合も例外ではなかった。サンタガータでもまた、こういった信頼のおける高い能力をもったスタッフが入れ替わり登場する。

技術部門：最初の人物は**ジオット・ビッザリーニ**である。トスカーナ州出身のエンジニアで、250GTOを手掛けた彼はフェラーリから移籍した。彼の12気筒エンジンはロードバージョンのGT史上、最も評価されたエンジンのベースとなるものだったが、このエンジンの開発後、彼は自身の名前を冠したスポーツカーを造る会社を設立するため、ランボルギーニを退社した。

　400GT時代の終わり、フェルッチオはふたりの人間を新たに加える。学位を取ったばかりの若いエンジニアだったが、将来を嘱望されていた人物で（ふたりともそのとおりになる）、1968年にF1に行くが、76年にはコンサルタントとして戻ることになる**ジャンパオロ・ダラーラ**と、75年まで勤めた**パオロ・スタンツァーニ**である。この75年には、ランボルギーニはもうひとり、現在に至るまで"歴史に残る"スタッフ、**ボブ・ウォレス**を失っ

12 Quattroruote • Passione Auto

ている。ニュージーランド人の彼は、サンタガータの開発部門で頂点に立った人物だった。彼のレースへの計り知れない情熱が、レースに懐疑的だったフェルッチオと衝突する原因にこそなったものの、ミウラ、ミウラ・イオタ、ウラッコ、ニューモデルのスタディ・ベースとなるラリーのスペシャルバージョンを生み出した。

1978年からサンタガータに**ジュリオ・アルフィエーリ**が加わる。マセラーティの救世主と呼ばれた彼は、テクニカル・ディレクターを務めたのち、全体を統括するディレクターに昇進した。86年から98年まで技術部門の責任者を務めたのは**ルイジ・マルミローリ**（元フェラーリ、ミナルディ）。ディアブロVTのビスカス・カップリング四輪駆動の生みの親である。

いっぽう、F1へのチャレンジは、彼なくしてはスタートしなかったであろう。**マウロ・フォルギエーリ**は、1987年から92年までランボルギーニのテクニカル・ディレクターを務めたエンジニアである。最も新しいところでは、テクニカル・プロジェクトリーダーの**マッシモ・チェッカラーニ**を挙げることができるだろう。

スタイリング部門：ランボルギーニは美しくなければならなかった。強い個性を持つクルマを愛したフェルッチオは、世に知られていないカードを出すことも厭わなかった。彼が最初のトーロ、350GTVを託したのは**フランコ・スカリオーネ**である。このトリノのカロッツェリアの仕事は話題になったものの、オリジナリティに乏しいものだった。それを復活させたのは**カルロ・フェリーチェ・ビアンキ・アンデルローニ**で、カロッツェリア・トゥーリングの"大黒柱"が350GTとすばらしいGTSをデザインした。このスパイダーの生産台数はわずか2台しかない。そしてなにより、**ヌッチオ・ベルトーネ**との出会いを忘れることはできない。加えて、グルリアスコにあるベルトーネのもとで働いていた若き**マルチェロ・ガンディーニ**もである。その後、コンサルタントとなった彼は、ミウラ、エスパーダ、カウンタック、そしてディアブロといった名作を生み出した。忘れることができないデザイナーはまだいる。**ジョルジェット・ジウジアーロ**と**ファブリツィオ・ジウジアーロ**（イタルデザイン）だ。そして、アウディ出身で、現在サンタガータでデザイン・ディレクターを務める**リュック・ドンケルヴォルケ**は、ムルシエラゴを完成させた。

経営部門：フェルッチオの性格を想像すれば、少なくとも彼がオーナーだった時代は、会社経営も彼の手で行なわれたと考えても不自然では

過去と未来

ヴァレンティノ・バルボーニ（上はフェルッチオ・ランボルギーニとのショット）は1968年4月21日、メカニックの見習いとしてサンタガータに入社。おそらく彼が最後の、フェルッチオの時代を知るスタッフであろう。バルボーニはフェルッチオのお気に入りのテストドライバーだった。彼は現在、カスタマー・サティスファクション部門で、アメリカをはじめ、日本、ドイツ、イギリスの、古くからのVIPトーロ・オーナーを担当する。右下はジュリオ・アルフィエーリ、1970～80年代にジェネラル・ディレクターを務めた。その右はランボルギーニをF1に送りこんだ立役者、マウロ・フォルギエーリ。その上は現在の社長、ステファン・ヴィンケルマン。

トーロの歴史

1963年 フェルッチオ「ランボルギーニ・アウトモービリS.p.A.」創設。
1972年 フェルッチオ、51％の株をスイス人、ジョルジュ・アンリ・ロゼッティに売却。
1974年 残りの49％の株を、ロゼッティの友人で金属工業に従事するレネ・レイマーに売却し、フェルッチオはランボルギーニ・アウトモービリを離れる。
1978年 経営が政府の監視下に入る
1979年 暫定措置として、ドイツ人、レイモンド・ニューマンによって運営される。
1980年2月 破産、売却される。
1980年7月 「ヌオーヴァ・ランボルギーニ・アウトモービリS.p.A.」として、フランスの若き実業家、パトリック・ミムランが指揮を執る。
1981年 ミムランがランボルギーニすべてを所有することになり、彼の右腕としてエミル・ノヴァーロが登場。
1987年4月 一部がクライスラーに売却される。エミル・ノヴァーロが社長の座に残るが、その後、「ランボルギーニ・エンジニアリング」が創設され、マウロ・フォルギエーリが指揮を執る。エンジン・コンストラクターとしてF1へ進出。
1994年 クライスラーはランボルギーニをアジア3企業、「メガテック」「セトコ」「Vパワー・コーポレーション」に売却、60％が前インドネシア首相の息子、トミー・スハルトの所有となる。社長はマイケル・J・キンバリー。96年、ヴィットリオ・ディ・カプアに交代。
1998年 アウディがランボルギーニの全株を購入。社長はフランツ・ジョセフ・パエフツェン。
1999年 ジョゼッペ・グレコが「アウトモービリ・ランボルギーニ・ホールディングS.p.A.」の社長就任。
2005年 ヴェルナー・ミシュケを経て、ステファン・ヴィンケルマンが社長就任。

ない。1966年から経営部門を率いた**ウバルド・スガルツィ**の存在は、厳しい経営難に陥った時代を経験したという点でも記録に残るものだ。80年から経営部門を担当したのは**エミル・ノヴァーロ**で、ミムラン家の会計を担当し、92年までの安定した時代を過ごした。

その他：生産部門を担当した**ジャンフランコ・ヴェントゥレッリ**（元アルファ・ロメオ）はF1の世界からやってきて、1986年にランボルギーニ入りしている。**ダニエレ・アウデット**（元フェラーリ・スポーツ・ディレクター）は86年から広報を務め、翌年にはランボルギーニ・エンジニアリングの社長に就任した。ラリー・チャンピオンであった**サンドロ・ムナーリ**は国外向け広報を担当し、87年から98年まではスポーツ部門のコンサルタントも務めた。92年、ノヴァーロに代わって社長の座に着いたのは**ティム・アダムス**で、彼はマネジメントのエキスパートだったが、94年に同社がインドネシア人の手に渡ったのを期に退職した。後継はロータスとジャガーで社長を務めた**マイケル・J・キンバリー**である。96年に社長の座に就いた**ヴィットリオ・ディ・カプア**は黒字を生み出し、アウディとの提携を取り付けた。その後、アウディ社長の**フランツ・ジョゼフ・パエフツェン**が行なった投資が功を奏し、エミリア・ロマーニャ地方の小さな企業であるランボルギーニは再び活気づく。その後、同社はこのドイツ企業の傘下に入るが、このふたつを結びつけた立役者は国際的な視点を持ったマネジャー、**ジョゼッペ・グレコ**だった。彼の任期が終わると、アウディで技術責任者を務めた**ヴェルナー・ミシュケ**が引き継いだが、期間は短いものだった。その後、40歳ながら敏腕マネジャーの**ステファン・ヴィンケルマン**が登場。ベルリン生まれだが、イタリアで育った彼は、ドイツ・フィアットでの仕事が認められ、ドイツ・メーカーに移る。オーストリア、スイス駐在後、2004年から世界での販売増加をめざすサンタガータの指揮を執っている。

バトンタッチ
現在（2005年末時点）のランボルギーニ・デザイン・センターを率いるリュック・ドンケルヴォルケ。ベルギーで生まれ、ペルーで育った。ベルギーとスイスでインダストリアル・デザインの学位を取得したのち、1990年、プジョーでキャリアをスタートする。92年にインゴルシュタットに移り、シュコダでニューモデルの開発に携わったのち、ワルター・デ・シルヴァ率いるアウディへ。ランボルギーニには98年入社。

350 GTV 1963

未来的
最初のクルマをフランコ・スカリオーネに託すというランボルギーニの決断については、賛否両論だった。1963年、クルマはトリノ・ショーで披露されたが、クアトロルオーテ誌は「カーブと直線のラインが交錯し混乱してはいるが、とにかくやり遂げた」と評した。

　最初のランボルギーニである350GTV、グラントゥリズモ・ヴェローチェは、サンタガータ・ボロネーゼで製作されたのではない。工場はまだ建設中であったために、トラクター工場の中にあるオフィスで造られた。この事実が、フェルッチオの切実なる願いを物語っている。なんとしても自分のクルマを1963年10月のトリノ・ショーに出品したいという、それは願いというよりも、むしろ執念に近いものだった。

　チェントの実業家によるスポーツカー製作への挑戦は、1962年にスタートした。自分のクルマを造るという彼の決意には、その想いを充分理解できるものと、そうでないものとが混在する。彼がどうしてこうも急いだのかということは理解できないことのひとつだが、デザイナーの選択もまた同様だろう。

　フランコ・スカリオーネはこの時代、名の知れたデザイナーとはとうてい言いがたい存在であった。にもかかわらず、フェルッチオは彼に声を掛ける。それは危険な賭けに等しいと言えた。もっとも、たいした仕事を抱えていない彼だったからこそ、すぐに仕事に取り掛かることができたとも言えるのだが……、ともあれ、事は性急に進められた。そして、スカリオーネのデザインをベースにして、トリノのサルジョットが製作に取り掛かったのだが、鋭いなかにも丸みを帯びた、複雑なボディラインであったにもかかわらず、細かい点にも仕上げにも、格別の注意が払われることはなかった。1963年12月号のクアトロルオーテ誌では「カーブと直線のラインの混在」と評している。350GTVは、ス

最も話題になったGT
リトラクタブル・ヘッドライト、横長のエアインテーク、ボンネット中央のラインがフロントの特徴だが、このフロントによって350GTVは賛否両論、議論の的となった。まるで漫画のヒーローが乗るクルマのようだという批判もあった。

手作り
フェルッチオの懸命の努力にもかかわらず、最初のランボルギーニの出来は最上とは言いがたいものだった（下はフロントフードのラインを調整しているところ）。

クエアなリアと未来を予感させるフロントがコントラストを生み出し、リトラクタブル・ヘッドライトとフロント・ホイールハウス後部に広がるエアインテークが特徴である。フロントフード上には左右を分けるような太いラインが走る。トーロを描いた小さなエンブレムは、すでにトラクターに使われていたもので、このクルマではフロントフードの左側に配され、その横にはフェルッチオのサインが並んでいる。

1963年7月、エンジンとシャシーが完成する。エンジンについてフェルッチオは、そのプロジ

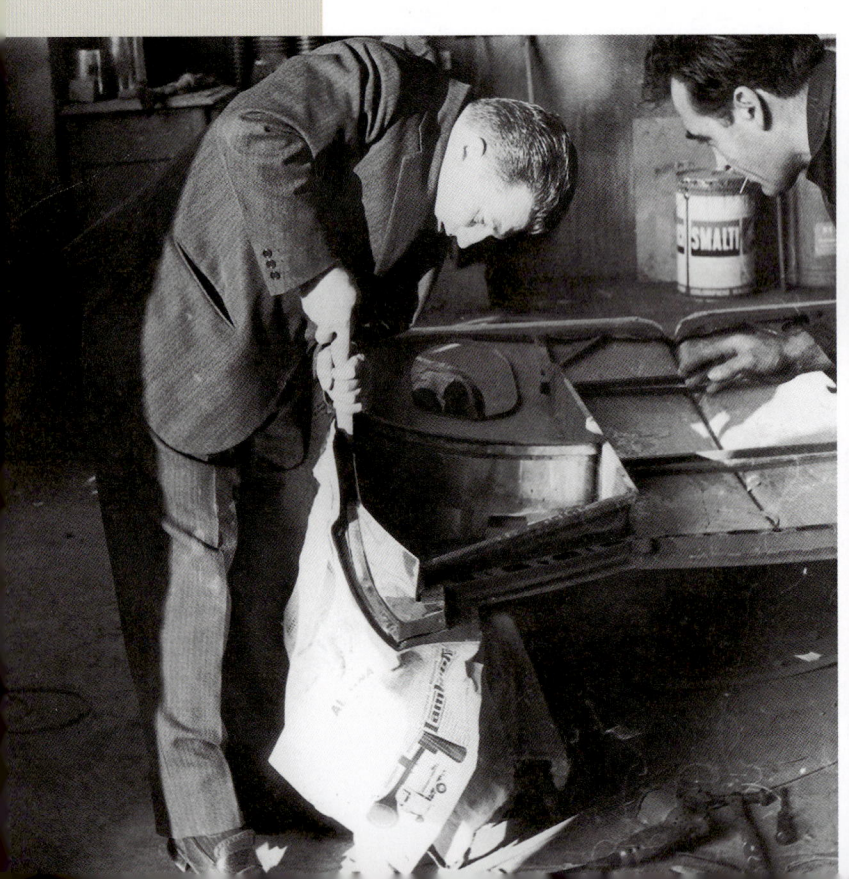

ェクトをジオット・ビッザリーニに託した。この若いトスカーナ出身のエンジニアは、かのフェラーリ250GTOを手掛け、フェラーリを退社したばかりだった。フェルッチオの要望により、エンジンはV12 DOHCに決定される。1気筒あたり2バルブを持ち、キャブレターは6基、潤滑システムはドライサンプ方式が採用された。排気量は約3.5ℓで、これが350という名の由来だが、正確には3464ccである。360psにも達する最高出力は、4ℓのフェラーリ400スーパーアメリカと20psしか違わなかった。

「少し前まで、自動車界でランボルギーニは無名だった」クアトロルオーテ誌の12月号でこう記されたランボルギーニは、トリノ・ショーで350GTVを発表した。ネリ&ボナチーニが製作したチューブラーフレーム・シャシーにはナンバー0100が刻印され、ボディ、完璧な室内をはじめ、エンジン、ホイールも一式装備されてはいたが、実際のところ、完成車というには程遠かった。公式資料によれば、製作された350GTVは1台のみ（価格は580万リラ）であった。

ナンバー2
上：ビッザリーニの設計でスタートした350GTVのV12気筒エンジン。ストリートよりコンペティションに向くエンジンだったので、ランボルギーニはこれをデチューンしたものを要求することになる。

レース仕様
350GTVのチューブラーフレーム・シャシー、リアのサスペンションは独立式。1960年代初頭としては非常に珍しい構造である。

テクニカルデータ
350GTV（1963）

【エンジン】＊形式：60度V型12気筒／縦置き ＊タイミングシステム：DOHC／2バルブ ＊燃料供給：ウェバー／36IDL1 6基 ＊総排気量：3464cc ＊ボア×ストローク：77.0×62.0mm ＊最高出力：360ps／8000rpm（SAE）＊最大トルク：326Nm／6000rpm ＊圧縮比：9.5：1

【駆動系統】＊駆動方式：RWD ＊変速機：5段 ＊クラッチ：乾式単板 ＊タイア：205-15

【シャシー／ボディ】＊形式：チューブラーフレーム／2ドア・クーペ ＊乗車定員：2名 サスペンション：（前）独立 ダブルウィッシュボーン／コイル, ダンパー スタビライザー（後）独立 ダブルウィッシュボーン／コイル, ダンパー スタビライザー ＊ブレーキ：ディスク ＊ステアリング：ウォーム・ローラー

【寸法／重量】＊ホイールベース：2450mm ＊トレッド：（前）1380mm （後）1380mm ＊全長×全幅×全高：4500×1730×1220mm ＊重量：980kg

【性能】＊最高速度：280km/h

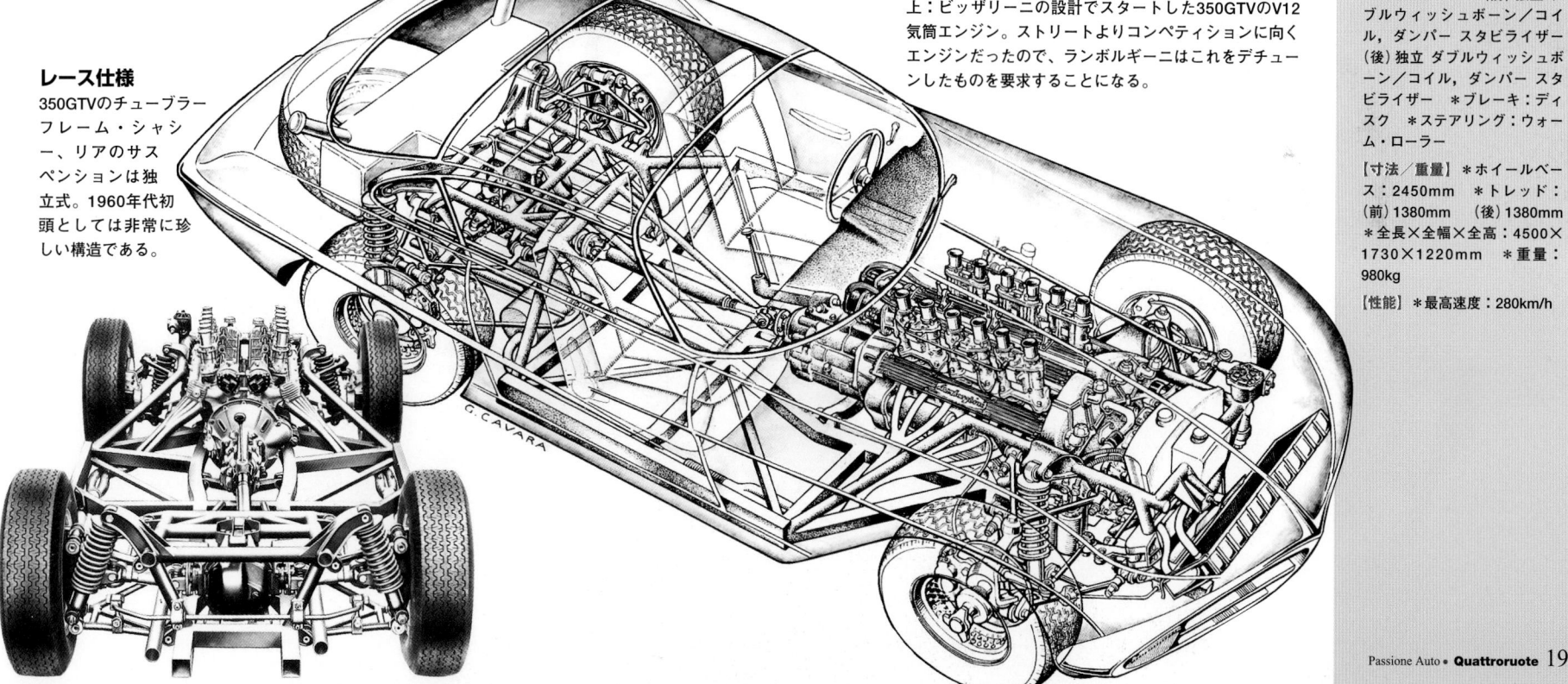

350 GT 1964〜1966

決定版
1964年のジュネーヴ・ショーでのデビュー後に（わずかながら改良され）、350GTはその最終生産型が披露された。発表されたのは同年のトリノ・ショーだった。

350GTVは、お世辞にも成功とは言いがたいものだった。フェルッチオ・ランボルギーニは1963年用の生産計画をいったん中止し、プロジェクト、特にデザインの見直しを決定する。加えて、技術面でも体制の変更を強いられた。ジオット・ビッザリーニが自身の名前を冠するグラントゥリズモを製作するため、このV12の設計を最後にランボルギーニを去ったからである。

新生ランボルギーニはデザインのパートナーにカロッツェリア・トゥリングを選んだ。そして新たに、ジャンパオロ・ダラーラとパオロ・スタンツァーニを迎える。このふたりがニューモデル開発の核となった。

GTVの飛びぬけた個性を明確にするために、トゥリングはスカリオーネが行なったデザインの見直しに取り掛かった。フェルッチオ自身はスカリオーネの仕事を評価していたもの

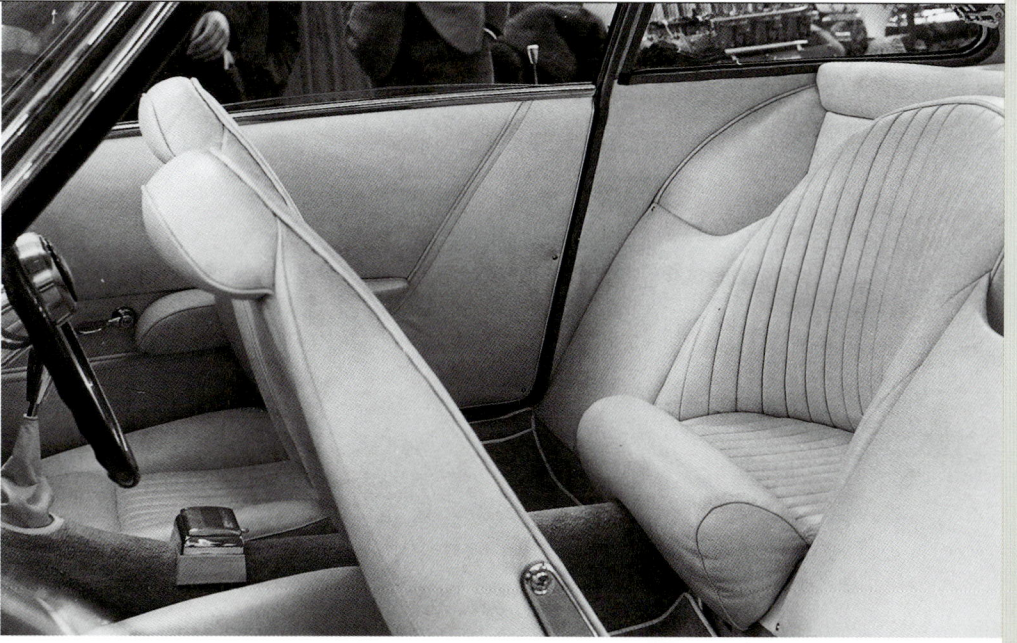

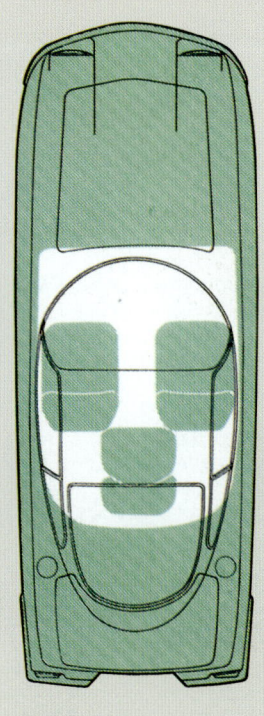

の、問題は「未来的でも革新的でもないが、完璧なクルマ」というフェルッチオの意向からは程遠いことだった。

　新しい350GTは、まずフロントに大幅な変更が施された。ヘッドライトはリトラクタブルから楕円形の固定式のものに変更され、これがこのモデルの特徴となった。そのライトの下にはグリルが装着された。製作された何台かの350GTの中には、フロントバンパーにオーバーライダーが付いたものもあるが、この仕様のバンパーはグリルの途中で終わっている。サイド部分も軽やかになり、装飾用クロームは前モデルに比べて格段に少なくなっ

3人でも
トゥーリングはシャシーとルーフを改良することによって3つめのシートを確保した。1964年のジュネーヴ・ショーで"2+1"とリアに記されたモデルが登場したが、これは後に外されている（写真はランボルギーニのスタンド）。ほかに不採用となったものは、GTVに装着されたトリプル・エグゾーストパイプ（上の左）とバンパーの一部。値段は550万リラだった。

Passione Auto • Quattroruote 21

テクニカルデータ
350GT（1964）

【エンジン】＊形式：60度V型12気筒／縦置き ＊タイミングシステム：DOHC／2バルブ ＊燃料供給：ウェーバー／40DCOE 6基 ＊総排気量：3464cc ＊ボア×ストローク：77.0×62.0mm ＊最高出力：320ps／7000rpm（DIN）＊最大トルク：325Nm／6000rpm ＊圧縮比：9.5：1

【駆動系統】＊駆動方式：RWD ＊変速機：5段 ＊クラッチ：乾式単板 ＊タイア：205-15

【シャシー／ボディ】＊形式：チューブラーフレーム／2ドア・クーペ ＊乗車定員：2名（2+1はオプション）サスペンション：（前）独立 ダブルウィッシュボーン／コイル，ダンパー スタビライザー （後）独立 ダブルウィッシュボーン／コイル，ダンパー スタビライザー ＊ブレーキ：ディスク ＊ステアリング：ウォーム・ローラー

【寸法／重量】＊ホイールベース：2550mm ＊トレッド：（前）1380mm （後）1380mm ＊全長×全幅×全高：4640×1730×1220mm ＊重量：1200kg

【性能】＊最高速度：250km/h ＊発進加速（0－100km/h）：6.8秒

た。リアはスムーズな印象を与えるが、スカリオーネ・モデルの特徴は残されている。トランクの使い勝手を考慮してリアウィンドーが小さくなっているものの、三角窓がなくなったことを除けば、全体的にグラスエリアの占める割合に大きな変化はない。また、トゥリングのモデルでは寸法にも変更のあとが見られ、ホイールベースが100mm長くなり、全高も増した。これらの改良によってリアのシートが中央に1座（ただし、このシートはオプションで、通常は革製のクッションタイプの荷物置きが用意された）、つまり"2プラス1"になった。

この新しいランボルギーニの製作にあたり、ビアンキ・アンデローニ率いるトゥリングでは、お家芸の"スーパー・レッジェラ"と呼ばれる超軽量工法を採用している。これはトゥリングが世界に先駆けて生み出した、航空技術に基本を置く工法である。スチール製のチューブラーフレームで骨格を作り、そこに軽合金板を張り込んでいくもので、軽さが特徴となっている。

翻って、室内は快適で洗練された雰囲気が漂い、高級感を演出している。シートはレザー、ステアリングホイールはナルディ製ウッドで、その3本スポークにはアルミが使われている。装備類も非常に豪華である。

メカニズムを見ると、GTVでは縦に配置された6基のキャブレターが横置きになり、カムシャフトの配置にも変化がみられる。潤滑システムはドライサンプからウェットサンプに、圧縮比は9.5：1に変更された。最高出力は320ps／7000rpmと抑えられた。

この350GTは第34回ジュネーヴ・ショー（1964年）で披露され、エミリア・ロマーニャ地方の中心から北西に25kmに位置するサンタガータ・ボロネーゼの工場で、すぐに生産が開始された。この年の生産台数は13台（外国市場向け）だったが、幸先の良いスタートと

言えるだろう。トラクターの世界から参入したことで、グラントゥリズモの先駆者たちはたいした関心を払っていなかったが、この反応とは対照的に、メディアとこのクルマを購入したクライアントの評価は好意的なものだった。

1965年、パワーは据え置かれた4ℓエンジン版が登場する。生産された最後の年にあたる66年3月のジュネーヴ・ショーに、ルーフとフロントを改良した2+2バージョンが出品された。このモデルには、400GTに先駆けて丸型4灯のヘッドライトが採用されている。350GTの生産台数は最終的に120台を数えた。

プライドと偏見
22ページ左：エンジンの脇に立つフェルッチオ・ランボルギーニ。
22ページ右：350GTのコクピット。このラクシュリーカーのデビューで、ランボルギーニは先駆者たちから「まあまあ」の評価を得た。

議論の的
350GTのデザインもまた賛否両論だった。クアトロルオーテ誌は「オリジナリティに富んだラインだが、調和がとれていない」と評した。

Passione Auto • Quattroruote 23

3500 GTZ 1965

モデナ、ボローニャ、マラネロという、エンジンの"黄金の三角地帯"で新たに生まれたスポーツカーは、有名無名を問わず、カロッツェリアにとってはシャシーや高いレベルのテクノロジーを使ってさまざまなことを試す絶好のチャンスだった。350GTをベースとした3500GTZも例外ではない。

このモデルを手掛けたのはザガートのエルコーレ・スパーダで、1965年にトリノとロンドン、ふたつの自動車ショーで披露されたが、評判にはならなかった。

3500GTZにはアレーゼ（ミラノ郊外）にあるカロッツェリアの典型的な特徴がみられるが、全体的な調和に欠ける。彼らがデザインしたモデルに共通するもの、すなわち、丸みを帯びたラインを持ちながら、角張った部分も同時に持ち合わせている。魚の口を連想させるグリル、プレクシグラス製の雫型プロテクターに覆われたヘッドライト、ぐるりと囲まれたバンパー――。これらを備えたマスクは、典型的なザガートの手法によってデザインされたものだが、どれもすでにアストン・マーティンDB4GTで採用されたものだった。デビューしたばかりのフェラーリ275GTBにもこの様式が採用されているが、ランボルギーニ3500GTZではさらに強調されたものとなっている。

高いルーフ
1965年のロンドン・ショーに出品された3500GTZは、350GTクーペのシャシーを使って外部のカロッツェリアが自由に製作した、初のランボルギーニ。ザガートのデザイナー、エルコーレ・スパーダの手による。このプロトタイプは、高いルーフと低くワイドなフロントの対比が特徴。

実際、フロント部分は全体に低く、リアが高い。ルーフを高めにすることによって、ボリュームを与えたのだろう。ポイントとなるリアはバサッと切り落とされた、いわゆるコーダ・トロンカで、そこにバンパーが見目好く装着されているが、これも275を彷彿させる。だが、ランボルギーニのほうが平凡と言えるだろう。

3500GTZの生産台数は2台のみだった。最初の1台（シャシーナンバー0310）は白いボディで、ミラノでランボルギーニのディーラーを経営するジェリーノ・ジェリーニ侯爵が購入した。2台目（0302）はシルバーだったが、赤に再塗装された。

フロントがいい
3500GTZの批判の的は当然、新鮮さに乏しいリアだった。ザガートがすでにアルファ・ロメオTZなどで行なった手法だった。おそらく、ザガートがそれほど熱心に作業しなかったためで、このモデルでは100mm短くなった350GTのシャシーを使うことに抵抗があったのだろう。

Passione Auto • Quattroruote 25

350 GTS 1965

バランス

屋根がなくなったことで、GTSのリアはすっきりした。幌は畳んでトランクに収納することができる。2台のみ製作されたモデルは1965年のトリノ・ショーでお披露目された。1台目（シャシーナンバー0325）は珍しいイエロー・ゴールドに塗装され、スタンドに並んだ。2台目（0328）は黒で、トゥリングのブースに並べられた。

　オープン・モデルをデザインさせたら右に出る者なしのカロッツェリアが、350GTの屋根なしに挑んだ。それは果たして、予想どおりの展開を見せた。

　1965年11月のトリノ・ショーに並んだのは、トゥリングによる350GTのスパイダー・バージョン、350GTSである。すでにサンタガータで製作されるクルマの名声は人々の間に定着していたため、トゥリングによる提案は賞賛をもって迎えられた。「ベッラ（美しい）」と同年11月号でクアトロルオーテ誌は評している。屋根を外すための加工と幌の取り付けを除けば、クローズド・モデルとの違いはたいしてないにもかかわらず、350GTSはまったくの別物になっていた。

　洗練されたラインでありながら、過激さを懸念するクライアントでも安心できるクラシカルなスタイル——。エレガントに仕上がったと言えるだろう。

　しかし、ランボルギーニ自らが生産を宣言したにもかかわらず、実際には11年も待たされることになった。トーロのGTに用意されるオープン・モデルは、1976年のシルエットまで登場することはなかったのだ。

**屋根ありでも
屋根なしでも**

トゥリングが実現した350 GTSは、ハードトップを取り外してオープンにすることもできる。とてもエレガントなスパイダーは、一年中楽しめるというわけだ。

400 GT 1966〜1967

パワフルだが従順

ランボルギーニは350GTの経験から、出力は同じながら、より扱いやすいモデルを発表した。2+2（リアシートは実際に使うには狭く、2シーター・モデルと評しても過言ではない）の400GTは350GTと並び、クライアントにとても愛された一台となった。ランボルギーニ社が公表した最高速度は260km/h。

　350GTによって、スポーツカーのコンストラクターとしての信用を築き、フェルッチオ・ランボルギーニは生産体制を整えた。次なる課題は有名ブランドが技術と性能でしのぎを削る、競争の激しい市場をどう生き抜くか——。そのためには競争力の高いパワフルなロードバージョン・モデルが必要とされた。

　技術陣はこの要求に対する答えをすでに用意していた。まず、350GTのV12エンジンを3464ccから3929ccへ拡大させる。パワーは据え置きながら、この4ℓエンジンは3.5ℓバージョンに比して500rpm低い回転数、6500rpmで最高出力を発生させることができた。ニューモデルでなくとも、これは高価なクルマを買おうというクライアントの興味を惹くには充分だった。

　こうして400GTが生まれたのである。350GTに前述の4ℓエンジンを搭載したうえ、インテリアも見直された。エクステリアにもマイナーチェンジが施されている。そのデザイン担当は今回もトゥリングだった。ヘッドライトはカバー付きのツイン・タイプに変わり、燃料タンクの形状も変更された。また、トゥリングはリアに小さなシートも確保した。大人用というより子供向けのシートではあるものの、2+2となった。

　技術面では、ギアボックスとディファレンシャルが一新された。メカニズムに造詣の深

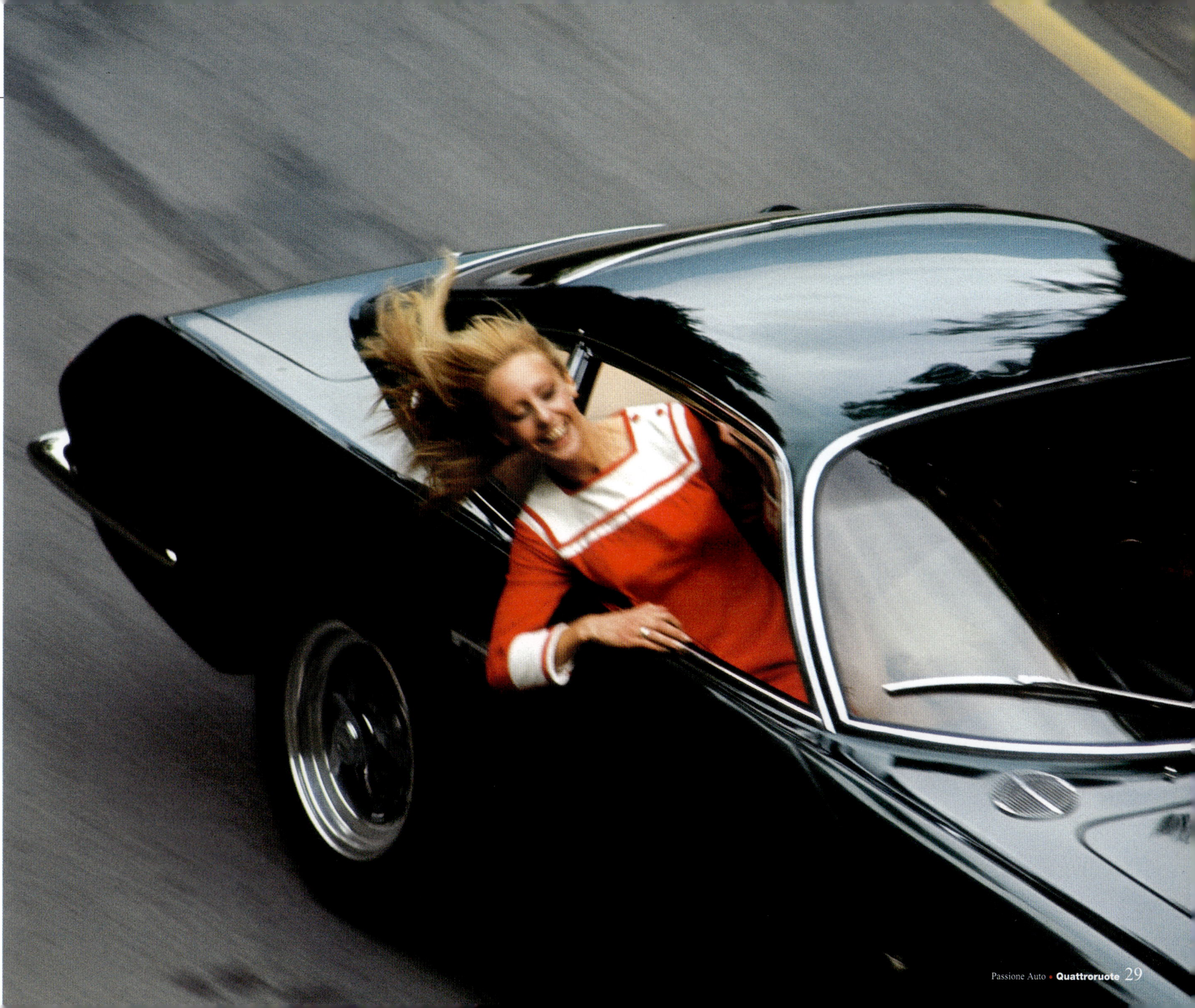

最初のように

フロントのツイン・ヘッドライトとサイド以外、400GTは350GTとの違いはほとんどない。もちろん、テールライトとナンバープレートの間に配置されたエンブレムは変わるわけだが。写真のヴェルデ・スクーロ（ダークグリーン）のボディカラー以外に、ビアンコ・スピーノ（ホワイト）、ロッソ・アルファ（レッド）、アマラント（ダークレッド）、グリージョ・アルジェント（シルバーグレー）、グリージョ・メディオ（ミディアムグレー）、グリージョ・サン・ヴァンサン・メタリック（グレー・メタリック）とアズーロ（ライトブルー）が用意された。

いフェルッチオが自ら設計したもので、サリスバリーとZFというふたつの"農耕用"製品の採用をやめたため（ギアボックスもまた"メイド・イン・サンタガータ"でポルシェ・タイプのシンクロを採用）、400GTの静粛性は非常に高まった（これは、フェラーリのギアボックス・ノイズに悩まされたフェルッチオの悲願であった）。

1966年3月のジュネーヴ・ショーで発表された400GTは、翌年に生産が開始されたが、68年に製作されたのはたった3台だった。最終的な生産台数は2＋2バージョンが273台、2シーター・バージョンが23台である。

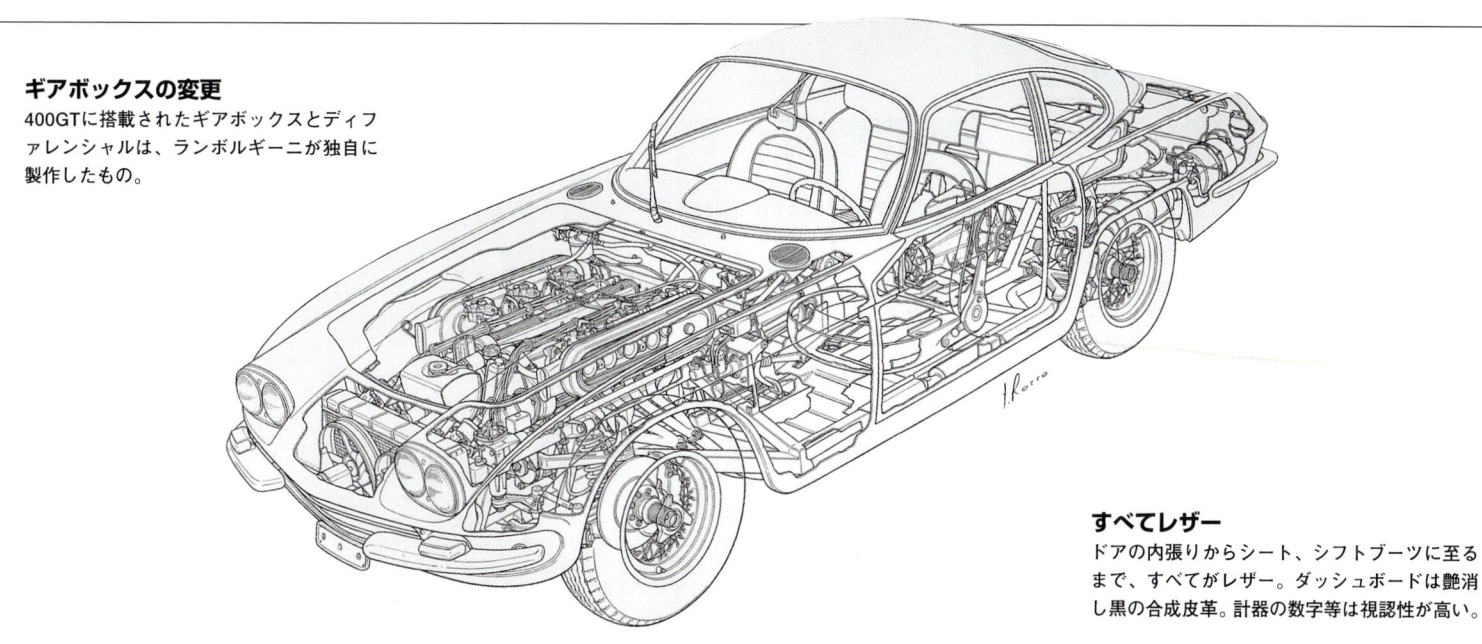

ギアボックスの変更
400GTに搭載されたギアボックスとディファレンシャルは、ランボルギーニが独自に製作したもの。

すべてレザー
ドアの内張りからシート、シフトブーツに至るまで、すべてがレザー。ダッシュボードは艶消し黒の合成皮革。計器の数字等は視認性が高い。

テクニカルデータ
400GT（1963）

【エンジン】＊形式：60度V型12気筒／縦置き ＊タイミングシステム：DOHC／2バルブ ＊燃料供給：ウェバー／40DCOE ツインチョーク・キャブレター6基 ＊総排気量：3929cc ＊ボア×ストローク：82.0×62.0mm ＊最高出力：320ps／6500rpm（SAE） ＊最大トルク：375Nm／6000rpm ＊圧縮比：9.5:1

【駆動系統】＊駆動方式：RWD ＊変速機：5段 ＊クラッチ：乾式単板 ＊タイア：205-15

【シャシー／ボディ】＊形式：チューブラーフレーム／2ドア・クーペ ＊乗車定員：4名（2+2） ＊サスペンション：（前）独立 ダブルウィッシュボーン／コイル, ダンパー スタビライザー （後）独立 ダブルウィッシュボーン／コイル, ダンパー スタビライザー ＊ブレーキ：ディスク ＊ステアリング：ウォーム・ローラー

【寸法／重量】＊ホイールベース：2550mm ＊トレッド：（前）1380mm （後）1380mm ＊全長×全幅×全高：4460×1730×1280mm ＊重量：1290kg

【性能】＊最高速度：260km/h

Passione Auto • Quattroruote 31

400 GT インプレッション

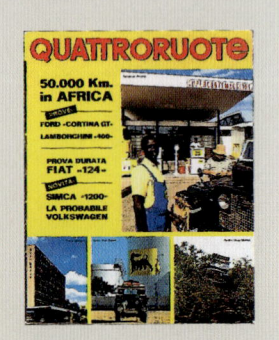

400GT 2+2の試乗は、『クアトロルオーテ』1967年7月号に掲載された。ランボルギーニの誕生から3年経ったこの年、メジャーなイタリアの自動車誌としては初めてのトーロのテストだった。

冒頭でごく簡単にこの会社と創設者を紹介、価格（667万リラ）とオプションのリスト（ラジオ、シートベルト、オーバーライダー・バンパー、ヨウ素ヘッドライト、1年前に生産開始されたミウラと同じ軽合金ホイール）を掲載している。

テストの最初はまずエクステリアを吟味している。新しくなったヘッドライトについて、「ボンネットに埋め込まれ、まるでポンと置いてあるかのようで目立つが、美しいとは言いがたい。それでもアグレッシヴで、このクルマのポイントになっていることは間違いない」。カーブして膨らみがついた大きなフロントガラスが、クロームメッキされたラインのなくなったサイドを巻き込み、ルーフ全体に動きをつけている。このフロントガラスとルーフのつながり方は、しかし、テールも含めて少し唐突である。400GTは「不調和にもかかわらず、個性の強いクルマに仕上がっていることは確か」と評された。

室内を見てみよう。ペダルの配置は、特に背の高いドライバーには扱いやすい。シートの足の付け根から膝までが当たる部分に厚みがないため、小柄なドライバーには不便だ。だからといってシートを前に出すと、今度はシフトレバーが扱いにくくなる。計器類は読みやすい。結論だが、価格と車格を考えると、もう少し良くなってもいいだろう。

いよいよ最後は公道での分析である。400GTはハンドリングが向上し、エンジンが穏やかになった。ツインバレルの6基のキャブレターのレスポンスもいい。クルマはきびきびとした動きをみせ、パワーは充分、低速や街中でも扱いやすい。スタビリティは非常に良く、ウェットな路面やコーナーでも安定した動きを同様に堅持していた。乗り心地もとても快適だ。窓を閉めた状態では静粛性の高さを実感できる。気になったのは最高速度の違いだが（ランボルギーニの公表では260km/h、クアトロルオーテ誌の計測では247.490km/h）、いずれにせよ、レースでの使用を考えなければ、レベルの高いグラントゥリズモに仕上がっていると言える。

グラントゥリズモ

特集は喜望峰からジブラルタル海峡までの"トランス・アフリカン・ツアー"。1967年7月号のクアトロルオーテ誌の表紙はフォード・コーティナGT、フィアット124、ランボルギーニ400GT（右が記事に使われた写真）。ニューカマーはシムカ1200。

PERFORMANCES

最高速度	km/h
	247.490

発進加速

速度（km/h）	時間（秒）
0—60	3.2
0—100	6.8
0—140	12.0
0—180	19.0
0—200	25.1
停止—1km	26.3

追越加速（5速使用時）

速度（km/h）	時間（秒）
40—60	7.4
40—100	20.8
40—140	30.7
40—160	36.2

制動力

初速（km/h）	制動距離（m）
60	21.5
100	60.0
140	116.0
180	191.5
200	233.0

燃費（5速コンスタント）

速度（km/h）	km/ℓ
60	9.6
100	8.3
140	6.0
180	4.4
220	3.4

極端なスタイリング
400GTの問題点を示した写真。ルーフとリアのつながり方があまりに"唐突"。表はクアトロルオーテ誌の計測結果。お気づきのとおり、公表された最高速度（260km/h）と、実際の計測で得た数字（247.490km/h）には差があった。

Passione Auto • Quattroruote 33

モンツァ 400 1966

350GTVと350GTのシャシーを用い、ジョルジオ・ネリとルチアーノ・ボナチーニはレース用グラントゥリズモに取り掛かっていた。

ボディをすべてアルミ製にして軽量化を実現する一方、室内の一部にもアルミを採用したことでスパルタンになったが、豪華さと快適性を必要とするパーツは350GTから流用された。モデナにあるカロッツェリア・アウトコルセのふたりの経営者は、4ℓエンジンを搭載したこのクルマをモンツァ400と命名した。

長くピンと張ったライン
テールとフロントが鋭いラインで結ばれ、フロントのバンパーとリアのボンネットを巧くつないでいる。サイドのエアアウトレットは装飾用。

ヨーロッパに戻る

極めてスパルタンな仕上がりだが、モンツァ400もまた、この時代の多くのプロトタイプ同様、シリーズ生産車から多くのコンポーネンツが流用されている。フロントガラスはフェラーリ275GTBのもので、リアのライト類はアルファ・ロメオ・ジュリアGTからの流用。1966年6月に完成、注文主であるアメリカ人のもとに渡ったが、翌年、ヨーロッパに戻ってくる。スペイン人愛好家が買い取ったのである。

アメリカのクライアントの注文で1台のみが製作され、1966年6月に完成した。翌67年4月8日、スペインの愛好家の手に渡ったが、その後の行方はわかっていない。

スマートなデザインだが、オリジナリティがあるとは言いがたく、この時期、アウトコルセがフェラーリ250GTをベースにして製作したネンボ(ふたりの名字を合わせたもの)に似通っている。長いフロントとリアによって、まるでそのミドシップエンジンを搭載しているかのような印象を与えるデザインが特徴である。フェラーリとの類似性はまだあり、広いフロントガラスにはなんと275GTBのものが使用されていた。

Passione Auto • Quattroruote 35

フライング・スターⅡ 1966

スポーティな ステーションワゴン

1966年のトリノ・ショーに出品されたフライング・スターⅡはオリジナリティに溢れた一台だ。過激とも言える個性を放っていた。というのも、この時代、スポーツカーとトランスポーテーション・カーははっきり区別されていた。尖ったラインといくつかのデザイン手法（たとえばリアやプレクシグラス製のヘッドライト・カバー）はこの時代に人々に理解されることは難しく、時期尚早だったと言えるかもしれない。時代を先取りしていたのだろう。

フライング・スターⅡ（1台目はアルファ・ロメオ6C1750をベースに製作された有名なプロトタイプ）は、1966年、ランボルギーニ400GTをベースにトゥリングが製作した。このプロジェクトが意義深いのにはふたつの理由がある。第一にそのデザインだ。ピュアなスポーツカーが賞賛されたこの時代にあって、オリジナリティに富み、新しさに満ち溢れたデザインを世に問うたこと。豪華な素材と、GTの性能を持ったトランスポーテーション・カー（この時代はまだステーションワゴンと称された）のボディを結びつけている。第二は――、フライング・スターⅡはトゥリングの最後の作品だったことである。このプロジェクトは、創設者であり、また多くの名車を手掛けた父のフェリーチェから引き継ぎ、20年にわたってこのカロッツェリアを引っ張ってきたカルロ・フェリーチェ・ビアンキ・アンデルローニ自らが指揮を執ったのだが、1960年代半ば、会社は難局を迎えていた。このランボルギーニのプロトタイプとフィアット124コンバーティブルの2台が、66年のトリノ・ショーでトゥリングのスタンドを飾り、そしてアンデルローニは力尽きたのだった。

フライング・スターⅡは注目を集めた。流れるような長いルーフが小さなリアウィンドーぎりぎりにまで続き、大げさなほど広々とした荷室が用意されている。サイド上部、削ら

れたような小振りのサイドウィンドー近くに、ごつごつしたラインが通る。必要最小限にまとめたデザインと、丸型4灯のヘッドランプ・ユニットを覆ったプレクシグラス製カバーのコントラストがフロントフェイスを印象づけているが、魅力的とは言いがたい。また、3500GTZ同様、トゥリングは100mmあまりシャシーを短縮し、4ℓエンジンを搭載した。

異なるホイール

トゥリングで披露された当初は、ボラーニのワイアホイールが装着されていたが、1966年のトリノ・ショーではマグネシウム製のカンパニョーロのそれに変わった。トゥリング閉鎖後、フライング・スターⅡはフランス人が購入したが、その後、海外のランボルギーニのインポーターの手に渡り、現在はイギリスで所有されている。

ミウラ 1965〜1968

LAMBORGHINI MIURA P 400

予想以上

最初のころは、ランボルギーニもベルトーネも、ミウラの生産台数がこんなに多くなるとは予想していなかった。ミウラの魅力が台数を増やしたのである。ヘッドライトの周りに施された黒い囲みをはじめ、デザインには革新的な要素が満載されている。エンジンルームをカバーするルーバーはプロダクションモデルのみで採用され、1966年のジュネーヴ・ショーに登場したミウラのリアウィンドーはプレクシグラス製でエンジンが見えるようになっていた。

350GTと400GTによって、ランボルギーニはスポーツカーの世界でコンストラクターとして認められるようになった。この世界には、手強いライバルが多数おり、またスポイルされたクライアントがおり、そして彼らはGTのハイクラスモデルを真っ先に手に入れようとする。エクスクルーシヴで厳しい世界なのだ。

そんなエンスージアストの気持ちをよく理解していたフェルッチオは、自分のクルマに向けられる興味を維持する方法もまた、充分に理解していた。なによりもタイミングが大切だということを知っていたのだ。1965年、設立されたばかりの会社と同じく、若いスタッフに社命を出したのは、今がその時だと思ったからであった。

フェルッチオはエンジニアのダラーラとスタンツァーニに、"何か"特別なもの、世界をひっくり返すほどでなくてもよいが、新しいものを探せという注文を出す。彼が望んだのは、人々の興味を惹くインパクトのある技術だった。そういう意味では、彼にとってデザインはとりあえず二次的なものだったのだ。

技術開発陣は、鋼板を溶接によって組み立てたモノコックを提案し、中央に背骨のようなトンネルが通り、周囲を金属板のボックスセクションが囲む、いわゆるバックボーンフレームを採用した。前後にもボックスセクションが接合され、フロントはサスペンション、燃料タンク、ラジエター、スペアタイアをサポートし、リアにはエンジン、ギアボックス、クラッチ、ディファレンシャルが配置された。4ℓのV12エンジンはミドシップ、すなわちリアタイアのすぐ前に横置きされた。問題はギアボックス、クラッチ、ディファレンシャル

Miura

サーキット向け

ミウラのラインはサーキットを駆けたスポーツ・プロトタイプマシーンを彷彿させる。軽合金ホイールは、すでに1966年のジュネーヴ・ショーに出品されたプロトタイプに装着されていたもの。P400と名づけられた最初のシャシー（65年トリノ）では、ボラーニのワイアホイールだった。

美しき鋳造品
横置きV12気筒エンジンの断面図。カムシャフトとキャブレターが見える。右下部分にはディファレンシャルとギアボックスが配置されているのがわかる。クランクシャフトと平行に置かれている。

の配置だったが、これらを一直線状に、エンジン後方に平行に配置することで解決した。

P400と命名されたこのシャシーはトリノ・ショーに登場する。モデル名はエンジンの場所（リアを意味するポステリオーレのP）と排気量（4000cc）に由来するものだった。

1965年の時点で、ランボルギーニがグラントゥリズモの製作を開始してから2年も経っていなかったが、サンタガータの名前はすでに世界に轟きはじめていた。このシャシーは絶賛された。ピュアな技術の象徴として、またそのレイアウトは未来的でもあり神秘的なGTとなるオーラを放っていた。

すべてのカロッツェリアがこのシャシーにボディを載せたいと名乗りをあげたが、トリノ・ショーでフェルッチオはヌッチオ・ベルトーネと熱のこもった話し合いを持った。

フェルッチオによる「面接」の結果が人々の前に形となって登場したのは、トリノから4ヵ月後のジュネーヴにおいてだった。1966年のスイスの自動車ショー、トーロのスタンドで、まずはジャーナリストに、次いで観客に披露された。オレンジ色に塗装された（これが有名な"アランチョーネ・ミウラ"／訳注：ミウラ・オレンジ）ランボルギーニのニューカーは話題の中心となり、そして瞬く間に自動車界羨望の的となった。

フェルッチオは悦に入った。こんなにも早く、コンストラクターとしての夢を叶えることができるなどと誰が想像しただろう。"ビューティフル"という単語だけでは言い尽くせない、究極の美であった。ミウラは、レーシングカーで公道を走るという希望を叶えたクルマでもあった。

ベルトーネの若きデザイナー、マルチェロ・ガンディーニはデザインにあたり、サーキットを走る"スポーツ・プロトタイプ"からヒントを得た。ドライビング・ポジションからコマンド類、中に組み込まれたアルミ製

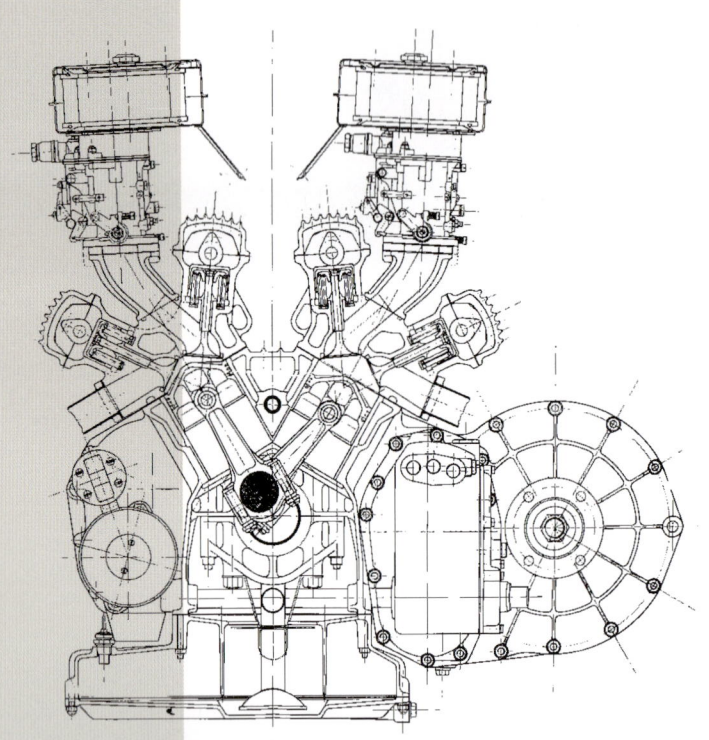

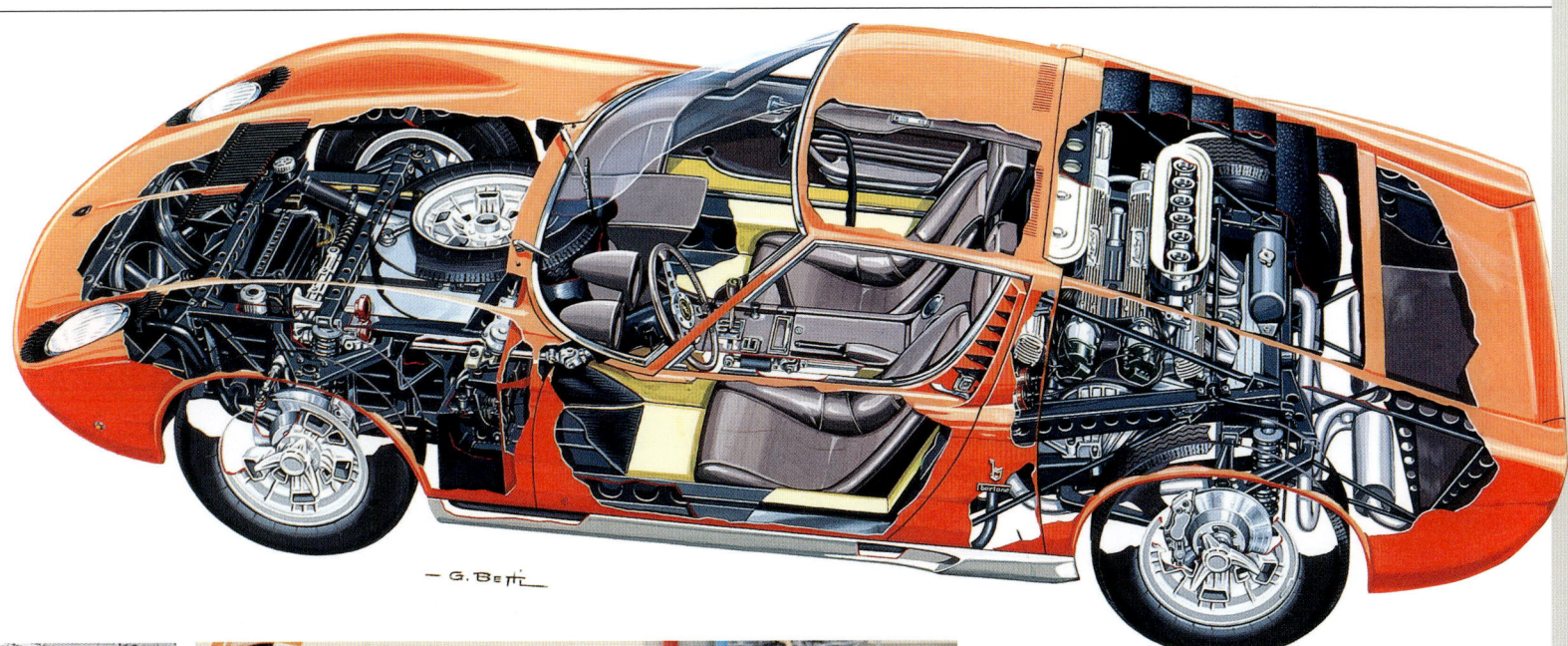

テクニカルデータ
ミウラP400（1966）

【エンジン】＊形式：60度V型12気筒／ミドシップ横置き ＊タイミングシステム：DOHC／2バルブ ＊燃料供給：ウェバー／40IDA3C トリプルチョーク・キャブレター 4基 ＊総排気量：3929cc ＊ボア×ストローク：82.0×62.0mm ＊最高出力：350ps／7000rpm（DIN） ＊最大トルク：369Nm／5100rpm ＊圧縮比：9.5：1

【駆動系統】＊駆動方式：RWD ＊変速機：5段 ＊クラッチ：乾式単板 LSD ＊タイア：205-15

【シャシー／ボディ】＊形式：モノコック＋前後フレーム／2ドア・クーペ ＊乗車定員：2名 ＊サスペンション：（前）独立 ダブルウィッシュボーン／コイル，ダンパー スタビライザー （後）独立 ダブルウィッシュボーン／コイル，ダンパー スタビライザー ＊ブレーキ：ディスク ＊ステアリング：ラック・ピニオン

【寸法／重量】＊ホイールベース：2500mm ＊トレッド：（前）1410mm （後）1410mm ＊全長×全幅×全高：4360×1760×1050mm ＊重量：980kg

【性能】＊最高速度：276km/h（ローギアード・ファイナル仕様）

すべて後ろ、いや真ん中に
ダラーラとともにミウラを設計したスタンツァーニによれば、エンジンを横置きにするというアイデアは間違いなくイシゴニスのミニからヒントを得ている。これによって、サンタガータのスポーツカーもイギリスの名車のごとく、サイズを抑えることができた。

サクセスの象徴
ミウラはランボルギーニの名を広めたばかりでなく、生産面でもランボルギーニを発展させた。生産開始は1966年6月。

Passione Auto • Quattroruote 41

目に留まる
学ぶべきところの多いデザインのミウラには、さまざまなトーンのボディカラーが用意された。明るいオレンジからブリリアント・グリーン、エメラルド・グリーン、ホワイトからイエロー、果てはブルーからロッソ・コルサまで。エクストラチャージを払えば、オリジナルカラーを注文することもできた。右下はインテリア。飛行機のコクピットのごとく、多くの計器類が並ぶ。その他（パワーウィンドー・スイッチなど）はセンターに。

のフロントフードのオープナー、ミドシップというエンジンの配置まで、ミウラにはレーシングカーの要素が詰まっていた。デザインの細部にも面白さが山積みである。"まつげ"を想起させるヘッドライトの周りや、リアのルーバー——。

最高出力350ps、最高速度280km/hを誇るミウラは世界一速く、クライアントのハートを掴むことができるクルマだった。車名に数字を用いることが流行するなかで、この新しいGTは名前でもクルマの株をあげた。フェルッチオが決めたのか、スタッフによるものかはわからな

いが、ミウラとはスペインで最も有名な闘牛の名前に由来している。ひらめきが功を奏したようだが、このすばらしい名前の選択は、マーケティングの勝利といえよう。そしてミウラ以降、多くのランボルギーニが、VIPがずらりと並ぶF1モナコGPの前座を走ったのである。

42 Quattroruote • Passione Auto

ミウラ P400 インプレッション

　ミウラのようなクルマ（「裕福であれば購入可能なクルマ、いったん所有すれば自動車のチャンピオンの感動を味わうことができるクルマ」）をテストすることは、クアトロルオーテ誌のエキスパート・ジャーナリストにとってさえ、日常的なことではない。慣れ親しんだテストコースで、フェルッチオのベルリネッタはテストドライバーのエンスージアズムに火をつけた。彼らは、日常的に使うには少々手に余るが、その哲学は賞賛に値するとした。

　エンジンから始めよう。パワフルだが柔軟性も備え、同時に信頼性もある。ノイズが許せるほどのレベルであったことは驚きだった。通常、この手のクルマは、快適である必要がないのと同時に、もう少しノイジーで"なければならない"ものだ。そういう特殊性がドライバーにとっては嬉しいのだから。

　このクルマの走行安定性を想像するのは簡単だが、ここは注意深く分析されている。「中低速のコーナリングでのミウラの挙動はニュートラルだが、わずかにアンダーステア気味だ。しかし、覚悟を決めて踏み込めばオーバーステアに変わる。コーナーを意識しながらテールを外側に振る」それは、リアに荷重移

秋の自動車ショー特集
クアトロルオーテ誌ではミウラP400のテストを1968年11月号で行なった。この年、最後となるミウラのロードテスト掲載号にはロンドン、パリ、トリノで開催された、自動車界のお祭りの記事が並ぶ。その他のテストとしてはアウトビアンキ・プリムラ・クーペS。

左：テスト中のミウラ（当時の価格は770万リラ）。「ランボルギーニのグラントゥリズモ・マシーンが担う役割はセックス・アピール！」と記された。

PERFORMANCES

最高速度	km/h	40−160	25.5
	269.352	40−180	30.0

発進加速

速度 (km/h)	時間 (秒)
0−60	2.5
0−100	5.1
0−140	9.1
0−160	11.5
0−180	14.2
0−200	18.5
0−220	23.2
停止−1km	24.1

追越加速(5速使用時)

速度 (km/h)	時間 (秒)
40−60	3.9
40−100	13.2
40−140	21.0

制動力

初速(km/h)	制動距離(m)
60	16.0
100	44.5
140	89.0
180	155.0
200	198.0
220	248.0

燃費(5速コンスタント)

速度(km/h)	km/ℓ
60	8.6
100	8.3
140	7.4
180	5.8
220	4.4

"ロードバージョン"で最も速い

デビュー当初から、ミウラはその性能によってオーラが輝いていた。ギア比は11／45で、最高速度300km/h。テスト車はギア比が低められている（11／47）。公式発表から計算すると最高速度は276km/hとなる。

44　Quattroruote • Passione Auto

動させるためのドライビングだが、では限界を超えるとどうなるだろう。もちろんコントロールは難しくなる。荷重移動によってクルマの挙動は、通常のロードカーというよりプロトタイプ・マシーンやF1のそれに近いものになるからだ。重量配分の点でいえば、やわらかめのフロントサスペンションと硬めのリアサスペンションというアンバランスさが、クルマの安定性に影響を及ぼす。その解決方法として、クアトロルオーテ誌は「コイルとダンパー、スタビライザーを、それぞれのドライバーが自分のスタイルに合わせて調整する必要がある」と助言している。

加速性能はミウラのエンジンのパワーと柔軟性を示しているが、公表された最高速度（276km/h）と、テストで計測された速度（269.352km/h）には差が出た。これはテストが夜に行なわれたことが影響を及ぼしたとも考えられる。

ギアボックスとクラッチは少々渋めと判断された。しかし、正確で耐久性に富むことは証明されている。ステアリングは繊細で、路面からのキックバックもほとんどない。ハイスピード時でもそれほど軽くなりすぎず、「路面状況を常に感じることができる」。

最後はブレーキについてだが、非常に良くできている。かなり長時間酷使したが、磨耗はわずかだった。つまり、ミウラはクアトロルオーテ誌のテストを非常に良い成績でパスしたのだ。「今日、ピュアなドライビングの喜びを与えてくれる唯一のクルマ」という結論であった。

未掲載の試乗記

クアトロルオーテ誌の資料室で、タイプ打ちされたテキストを発見した。著者はポール・フレールである。レーシング・ドライバーとして過去に輝かしい経歴を持つ、ベルギー人ジャーナリストだ。1967年4月にミウラをアウト・イタリアーナの依頼でドライブしたようだが、このテキストが世に出ることはなかった。

テストはアウトストラーダ、フータ峠やラティコーザなど、400kmにわたって行なわれた。フレールはブレーキは「使い方によるが」とことわったうえで、ピレリのタイアを賞賛している。公道でのミウラは運動性能と快適性がうまく組み合わさっていると彼は記す。トルクも充分で、「5速で20km/hから275km/hまで使用可能」であり、速く、ドライバビリティに富んでいる。ひとつだけ批判があった。「ハイスピード時のコーナリングでは、足をスロットルペダルから離すとクルマがインを向く傾向がある」とのことだった。

マルツァル 1967

未来に向けて

マルツァルはフェルッチオ・ランボルギーニの好みを反映したというより、サンタガータが将来生み出すであろうGTの方向性を指し示したクルマといえる。実際、そのボディラインはエスパーダに踏襲され、ガルウィングは1971年にカウンタックに用いられた。47ページの写真は特徴的なリアと室内。

1966年11月トリノで、フェルッチオ・ランボルギーニとヌッチオ・ベルトーネが顔を合わせた。日常的な挨拶とショーの話題が交わされるなか、ふたりがともに心に秘める話題に触れた。それは"正真正銘"4シーターのグラントゥリズモ——。この魅力的な話題が刺激的にすらなったのは、ふたりの考えていたものが単なるコンセプトカーではなく、ランニング・プロトタイプだったためである。

コンストラクターとカロッツェリアが再び手を組んだ。ミウラを手掛けたマルチェロ・ガンディーニは、P400とは異なるシャシーを求めた。これが4シーター実現には欠かせない因子だったのだ。結果、シャシーはミウラのホイールベースを120mm延長して採用することにした。いっぽう、パワーユニットのV型12気筒は、前側のバンクを取り去ってコンパクトな直列6気筒に改造した。この2ヵ所をモディファイしたうえ、一体成型のパワートレーンを180度回転させ、エンジンがリアアクスルより後方にくるようにしたのである。これによりガンディーニは、リアにふたり分のスペースを確保した。

1967年のジュネーヴ・ショーでマルツァルは、その先進的で明確な主張を備えたデザインと革新的な技術によってセンセーションを巻き起こした。「すべてのデザインを超越する新鮮さと新しさ」とは、アメリカ人ジャーナリストの言葉である。実際のところ、このモデルは彼らの注意を惹く要素に満ちていた。ベルギーのグラヴェルベル社によるクリスタル製のルーフや、かもめの羽根のごとく上方向に開くガラス製のガルウィング・ドア、未来的な印象を与えるダッシュボード、リアシートを分けるコンソールといったデザイン的冒険と、最初からランニング・プロトタイプであるというマルツァルの特徴が、巧みに配

分されていた。
　そう、このモデルは単なるショーカーでなく、実際に走行できるのである。ドライビング・インプレッションを掲載した『クアトロルオーテ』1967年10月号では、当然のようにメカニズム関係はまだ調整の必要があるものの、それでもエンジンはよく回り、押しの強さを感じさせると述べている。多用されたガラスのおかげで、車外に広がる景観と一体となってドライブしているような感覚を抱き、実際のスピードよりずっと速く走っているように感じるのだ。翌年、このモデルはかの有名な"トーロ"、エスパーダに生まれ変わることになる。

テクニカルデータ
マルツァル（1967）

【エンジン】＊形式：直列6気筒／ミドシップ横置き ＊タイミングシステム：DOHC／2バルブ ＊燃料供給：ウェバー／40DCOE キャブレター3基 ＊総排気量：1965cc ＊ボア×ストローク：82.0×62.0mm ＊最高出力：175ps／6800rpm（DIN）＊圧縮比：9.2：1
【駆動系統】＊駆動方式：RWD ＊変速機：5段 ＊クラッチ：乾式単板 ＊タイア：205-14
【シャシー／ボディ】＊形式：モノコック＋閉断面フレーム／2ドア・クーペ ＊乗車定員：4シーター ＊サスペンション：（前）独立 ダブルウィッシュボーン／コイル, ダンパー スタビライザー（後）独立 ダブルウィッシュボーン／コイル, ダンパー スタビライザー ＊ブレーキ：ディスク ＊ステアリング：ラック・ピニオン
【寸法／重量】＊ホイールベース：2620mm ＊トレッド：（前）1480mm（後）1480mm ＊全長×全幅×全高：4450×1709×1110mm ＊重量：1200kg
【性能】＊最高速度：225km/h

ミウラ・ロードスター 1968

うっとり
1960年代の人気ナンバーワン、オープンの魅力を満載した一台。にもかかわらず、ベルトーネのサインが入ったミウラ・ロードスターは、残念ながらデザイン・スタディに終わった。

ミウラP400は熱狂的なランボルギーニ・ファンのヒーローであり、彼らがこのクルマをガレージに収める夢を追う一方で、ベルトーネは——残念ながらそれは1台のみのプロトタイプとして終わってしまうのだが——ベルリネッタのロードスター・バージョンを製作する。すべてが開閉するタイプではないが（"タルガ"のような、左右のBピラーとヘッドレスト後方のブリッジが残される）、リアのデザインを巻き込んだ新しい形式だ。大きなエンジンルームはすばらしい造形で、堂々たるV12を目の当たりにすることができるようになっている。多くのモディファイのうち特に目につくのは、エンジンルームへと続くBピラー後半の艶消しの黒いアクセントと、異なる形状のリア・テールライトとその下のグリルから覗く、2本のエグゾーストパイプである。ボディは明るいブルーメタリックに塗装され、室内の革は木蓮のようなホワイトに変更された。幌を持たない、真のロードスターである。

このモデルの生産は、この1台のみだった（メディアにもクライアントにも大好評でリクエストが殺到したにもかかわらず、である）。その後、自動車工業用メタルを扱うアメリカ

エンジンまでオープン
ロードスターのリアフード
はP400に用いられたものと
同じながら、その先のエン
ジンルームは非常に特殊な
デザイン。エンジンを遮る
ものがなくダイレクトに見
える。

アイデアとショー

右:ミウラのロードスター・バージョンのデザインスケッチ。ベルトーネが採用したのはタルガ・タイプだ。

下:フェルッチオとヌッチオ・ベルトーネ。1968年のブリュッセル・ショーにて。このショーでロードスターは大好評を得た。

の会社「ILZRO」に売却され、1969年のブリュッセル・ショーに、明るいグリーンに再塗装されて、再び登場する。室内はスウェードで整えられ、(エンジン関係を含む)いくつかのパーツがおもに亜鉛に交換された。これがZn-75と呼ばれるようになった理由で、現在でもこのモデル名で呼ばれている。また、リアのグリルはクロームとなり、そこに新しく長方形のエグゾーストパイプが2本装着された。"メイド・イン・USA"となったことで、さらに注目を浴びたのだった。

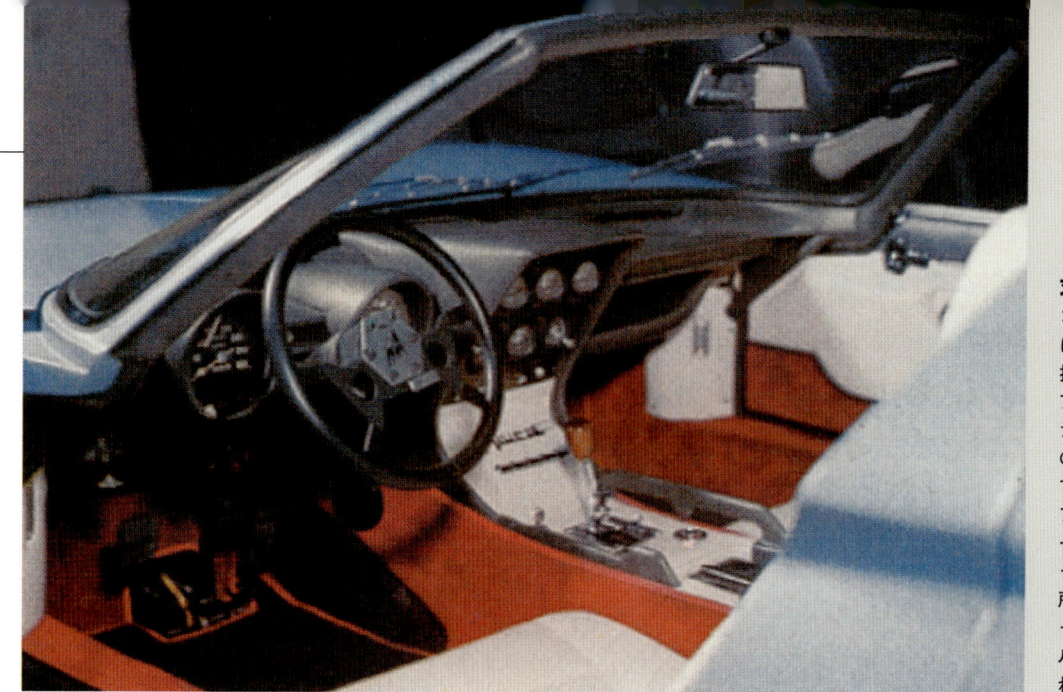

求む、好天

コンセプトカーのミウラにはいくつかのデザイン的な提案があった。その最たるアイデアは、室内にもエンジンにも、雨から守る一切のプロテクションが施されていないということ。ルーフを外したことで、ベルトーネはオーバーヘッドにあったスイッチ類の新しい場所を探さなければならなかった。ステアリングホイールはマルツァルから流用されている。

イスレロ 1968〜1969

スクエアなライン
元カロッツェリア・トゥリングで働いていたマリオ・マラッツィの作品であるイスレロのデザインはクラシック。エレガントだが、強い個性に欠ける。フェルッチオ・ランボルギーニはこのクルマのプロジェクトに積極的に関わり、デザインの方向性を指示した。

1967年後半、400GT 2+2の生産は終わりを迎えつつあった。フェルッチオ・ランボルギーニはこのモデルの後継車に頭を悩ませていた。革新的で強い個性を持つクルマが必要とされたが、問題はどのカロッツェリアに依頼するかということだった。

彼の頭にはすぐ、ベルトーネとお気に入りのデザイナー、ガンディーニや、ライバルたちの仕事で忙しくしている他のカロッツェリアが浮かんだが、結局、大胆な方向転換を選択し、クラシックなデザイナーに依頼することになる。ベルトーネやガンディーニには、もっと先鋭的なクルマを頼みたかったのだろう。新しさを持ちつつ、快適さを大切にするクライアントが喜ぶクルマを描くことができるデザイナー——。理想的にはカロッツェリア・トゥリングだったろうが、すでに閉鎖していた。2年前のフライング・スターIIは不幸な結果に終わったが、いずれにしてもエレガントといえば彼らだった。フェルッチオは自分の直感を大切にした。

手元に残ったカードは、元トゥリングのマリオ・マラッツィだった。長い間、ビアンキ・アンデルローニのもとで働いた経験を持つ彼は、当時、かつての職人を率いて400GTの製作に関わっていた。そんなふうに、すでにフェルッチオとの信頼関係を築いていたマラッツィのほうからランボルギーニに提案がなされ、熱のこもった作業がスタートする。目標は1968年のジュネーヴ・ショーである。

LAMBORGHINI ISLERO

Automobili Ferruccio Lamborghini s.p.a.
S. Agata Bolognese (Bologna) - Italy - Tel. 829171 - 829172

プロモーション
フェルッチオ・ランボルギーニが指の間に挟んだタバコは、彼のシンボルマーク。ニューモデルの販売にひと役買おうと、彼はイスレロを自分の足として使った。

Passione Auto • Quattroruote 53

テクニカルデータ
イスレロ (1968)

【エンジン】 *形式：60度V型12気筒／縦置き *タイミングシステム：DOHC／2バルブ *燃料供給：ウェーバー／40DCOE ツインチョーク・キャブレター 6基 *総排気量：3929cc *ボア×ストローク：82.0×62.0mm *最高出力：320ps/6500rpm *最大トルク：375Nm/4500rpm *圧縮比：9.5：1

【駆動系統】 *駆動方式：RWD *変速機：5段 *クラッチ：乾式単板 *タイヤ：205VR15

【シャシー／ボディ】 *形式：モノコック／2ドア・クーペ *乗車定員：4名（2＋2） *サスペンション：（前）独立 ダブルウィッシュボーン／コイル，ダンパー スタビライザー （後）独立 ダブルウィッシュボーン／コイル，ダンパー スタビライザー *ブレーキ：ディスク *ステアリング：ラック・ピニオン

【寸法／重量】 *ホイールベース：2550mm *トレッド：（前）1380mm （後）1380mm *全長×全幅×全高：4525×1730×1270mm *重量：1240kg

【性能】 *最高速度：250km/h *発進加速（0－100km/h）：6.2秒

手仕事
ハイクラスのベルリーナと定義づけられたイスレロは静粛性に富み、快適で速い。上はパセンジャーシートの前に装着されたエアコン。フロントフェイスはエレガントだが、個性に乏しい。

意欲作・イスレロは、なんとかこのショーに間に合い、出品の運びとなった。

イスレロとは有名な闘牛士、マニュエル・ロドリゲスを殺したトーロの名前から取ったものだが、この名前とは対照的に、サンタガータの新しい2＋2はアグレッシヴではない、実にクラシックな、いやクラシックすぎるクルマだった。

その張りつめたラインは3ボックスを形づくる。400GTを彷彿させるが、あまりにすっきりとした感じが、この2台の違いだろう。個性の喪失とも言える。ガラス部分（生産コストを考慮して、フロントガラス以外はすべて平面ガラス）につながる広いルーフは、細いピラーを経て、すっきりしたラインのボディからリトラクタブルライトが印象的なフェイスへ向かう。そして、ストンと落ちたリアに装着されたライトは比較的平凡なものだが、クロームメッキが施されている二対のバンパーは高すぎる位置にある。

このモデルに向けられた視線は冷ややかなものだった。革新的なエスパーダと同じスタンドに並んでいたのだが、このクルマがGTの世界でライバルに伍して戦うのは難しいだろうことは、誰の目にも明らかだった。しかし、優れたドライバビリティを有し、出力320psを発揮するV12エンジン搭載の快適な2＋2のイスレロ・シリーズ1は、フェルッチオ自身がパーソナルカーとして選び、1968年に生産され

た125台のうち、1台を除いて完売した。

1969年1月、シリーズIIの生産が開始される。前年のトリノ・ショーで発表されたミウラ同様、"S"の文字が与えられたが、販売リストとカタログのみに表示され、ボディに記されることはなかった。

新シリーズは出力が350psに向上している。レザーとウッドがふんだんに用いられた室内は、ダッシュボード、スイッチ類、シート高に変更がみられた。カンパニョーロ製軽合金ホイールが採用され（ジュネーヴ・ショーに出品されたものと初期の16台は、ボラーニのスポークホイールを装備）、より広くなったホイールアーチがSの特徴になっている。また、フロントのホイールアーチとドアの間にエアアウトレットが設置された。

シリーズIIの生産は1969年の終わりまで続けられ、225台を販売した。2+2としては決して少ない販売台数ではないが、扱いやすさ、運転の楽しさについての評価は、格別に魅力的というものではなかった。

テクニカルデータ
イスレロS（1969）
＊イスレロと下記の諸元が異なる

【エンジン】＊最高出力：350ps／7700rpm　＊最大トルク：393Nm／5500rpm　＊圧縮比：10.8：1

【寸法／重量】＊全高：1300mm　＊重量：1460kg

【性能】＊最高速度：260km/h

2+2の後継
イスレロ（上）のダイナミズムを強調するために、ランボルギーニでは初めてリトラクタブルライトを採用した。S（横）とシリーズIとの違いは、フロントのホイールアーチとドアの間のエアアウトレット。

Passione Auto • Quattroruote 55

ミウラ S 1968〜1971

不変のライン

ミウラにとって初めてとなる進化型での変更は、エクステリアではわずかで、エンジンフードの下に重点が置かれた。"ミウラ"の文字の下に"S"と入る。サイドウィンドーとフロントウィンドーのフレームが黒からクロームに変わった。

1968年のトリノ・ショーで、ミウラ初の進化モデルが紹介される。それがSである。生産開始はショーの直後だが、正確にはこの年の12月にスタートしていた。

P400を源流に持つこのクルマの改良は、ボディ剛性の低いことが判明した時点で始まっていた。サンタガータの技術スタッフは、GTのシャシーに用いられた金属板を1mmにも満たないほど、ほんの少し厚くしたのだが、この結果、走行安定性は著しく改善された。ミウラは、このセグメントでは最も速いクルマで（クアトロルオーテ誌のテストでは、5年前のアストン・マーティンDB4のほうがおよそ9km/hほど速かったが）、その瞬発力はライバルを圧倒した。性能でみると、出力が350psから370psへと向上したが、これはインテークマニホールドを改良したことによるものだった。その最高出力の発生回転数は7700rpmで、既存モデルより700rpm高くなっている。また、出力の向上だけでは充分とはいえなかったため、タイヤもピレリ・チンチュラートの70%扁平のものに変更（GR 215/70VR15）された。なお、生産終了間近にはディスクブレーキがベンチレーテッドに変わっている。

稲妻のごとくギザギザな"S"という文字をリアに配しているが、それ以外で最終モデルのミウラを判別するには、フロントウィンド

スーパーライト
ミウラの大きなフロントカウルとリアカウル。前後ともアルミニウム製の一体式で、大きく開く。

テクニカルデータ
ミウラS（1968）

【エンジン】＊形式：60度V型12気筒／ミッドシップ横置き ＊タイミングシステム：DOHC／2バルブ ＊燃料供給：ウェバー／40IDL3L トリプルチョーク・キャブレター4基 ＊総排気量：3929cc ＊ボア×ストローク：82.0×62.0mm ＊最高出力：370ps／7700rpm ＊最大トルク：388Nm／5500rpm ＊圧縮比：10.4：1（または10.7：1）

【駆動系統】＊駆動方式：RWD ＊変速機：5段 ＊クラッチ：乾式単板 LSD ＊タイヤ：215/70VR15 GR／チンチュラートCM72

【シャシー／ボディ】＊形式モノコック＋前後フレーム／2ドア・クーペ ＊乗車定員：2名 ＊サスペンション：（前）独立 ダブルウィッシュボーン／コイル，ダンパー スタビライザー（後）独立 ダブルウィッシュボーン／コイル，ダンパー スタビライザー ＊ブレーキ：ディスク（後にベンチレーテッド・ディスク） ＊ステアリング：ラック・ピニオン

【寸法／重量】＊ホイールベース：2504mm ＊トレッド：（前）1412mm （後）1412mm ＊全長×全幅×全高：4360×1760×1050mm ＊重量：1050kg

【性能】＊最高速度：256～293km/h（ファイナルレシオによって異なる）

ーやサイドウィンドーのフレームといった細部に目を凝らす以外にない。これらが艶消しの黒からクロームに変わり、リアフードの開閉はレバーで行なうことができるようになった点が異なる。室内では、オーバーヘッド・コンソールが見分けるポイントのひとつである。また、ステアリングホイールはウッドから革巻きのアルミに変わっている。さらに、機能性の高いパセンジャー用アシスト・グリップがシートの左側に装着され、鍵付きグロ

よりスポーティに

Sの室内。ウッドから革巻きになった新しいステアリングホイール。

下：ピレリの新しいタイア（このモデル用に開発された）を着けたSのコーナリング写真。このタイアにより、Sではコーナー、ストレートを問わず、安定性が増した。

58　Quattroruote • Passione Auto

ーブボックスが用意された。オプションだったパワーウィンドーは標準装備となった。ステレオのほか、通常のドライビングでも高熱を発するこの手のクルマに欠かせないエアコンも、オプションで装着可能となった。豊富に取り揃えられたボディカラーも、購入者にとってはミウラの魅力のひとつだろう。エキストラチャージを払えばメタリックやパールも選ぶこともできた。ミウラSは1971年までに140台が生産された。

長いまつげ
左：ミウラの特徴のひとつであるライトの囲み。フロントフード上のエアアウトレットにも同じ手法が施されているが、左側のそれの下にはフューエルキャップが隠されている。

エスパーダ 1968〜1978

オリジナル

ベルトーネはマルツァル同様、エスパーダにもさまざまな新しいデザイン手法を起用した。宇宙船のイメージだったエクステリアは、新しいランボルギーニでもそのピンと張ったラインはそのままに、多くのガラスがさらに重要な役割を果たしている。テールには小さなウィンドーが用意され、ドライビング時に良好な視界を与える。右の黄色のモデルはトリノのポー河のほとりで撮影された1972年のシリーズⅢ。新しい5本スタッドのホイールが装着されている。サイド後方、高い部分に設置されたグリルの下にはフューエルキャップが隠されている。

　ベルトーネではマルツァルの大改造を1966年から67年にかけて行なったのだが、それはまるで綿密なデザイン・レッスンさながらに、フェルッチオ・ランボルギーニの細かなリクエストに応える形で行なわれた。2+2を超える本物の4シーター、4人の大人がふつうに座れるスペースを――。これがフェルッチオの注文だった。デザインと技術、双方の問題で1台のみの生産となり、このマルツァルがモーターショーに持ち込まれたわけだが、このモデルが人前に出たのは、クアトロルオーテの短いドライビング・インプレッション以外には67年のモナコGPの前座だけだった。

　1968年、ベルトーネは未来を感じさせるラインを持つ"ファミリー用"ランボルギーニを完成させる。パワフルなエンジン、グラントゥリズモの性能を備えた快適なベルリネッタである。その名もエスパーダは、3月に行なわれたジュネーヴ・ショーに登場し、イスレロ、ミウラSとともに新しさで溢れるスタンドに並んだ。話題の中心は"すっきりとした"スタイルとそのラインにあった。ベルトーネはマルツァルを、UFOのように非現実的なスタイルから、日常の足として使えるクルマに変身させたのである。

　エスパーダはエレガントであり革新的だった。この時期、デザインは丸くなる傾向にあったが、エスパーダは広くフラットで長いフ

60 Quattroruote • Passione Auto

ロントフードを持ち、実にシャープである。まさに「エスパーダ」、"剣"という名にふさわしいものだった。

航空工学から応用されたNACAタイプのふたつのエアインテークが、のっぺりとしたフロントフードに表情を与えている。両サイドに1条ずつ設けられたスリットは、エンジンの熱を放出する。シンプルなマスクは横長の黒のネットグリルに続き、そこに同径の丸型ヘッ

ミウラと同じ
マグネシウムのカンパニョーロ・ホイールが装着されたエスパーダ。リアのホイールアーチの後ろに記されていた車名が外された。

Passione Auto • Quattroruote 61

ドライトが4つ嵌められている。薄いクロームのバンパーがグリルの下にみられるが、このバンパーの両サイドは外側のライトの半分あたりまで上部に回り込んでいる。ルーフもシンプルで、後方へ向かって丸みが付いたリア・サイドウィンドーにつながる。このウィンドーはテールのかなり高い部分で終わっているが、これはリアシートに座る人にも良好な視界を確保するためである。また、フロントから続くリアのデザインを完結させるために、ガラスが採用されたのだろう。これがコーダ・トロンカの上半分を占める。このテールデザインこそエスパーダの特徴で、ベルトーネの真骨頂といえる。すでにマルツァルに用いられた手法だが、居住空間と荷室を確保するためにマッチョになったデザインを柔らかくするよう、ガラスを多用したのだろう。

このクルマを完成させるのはランボルギーニのクラシカルな、325psを発するV12エンジンである。400GTから流用された足回りは、モデナのマルケージによって150mm延長され、エンジンが縦置きされた。このエンジンの性能は高く、スポーツカーというより真のベルリネッタに近い。シャシーナンバー1番（モダーンというより前衛的な印象さえ与えるステアリングホイールが装着されているモデル）をテストしたクアトロルオーテ誌の記者もこう証言している。「エンジンはとても静かで非常に柔軟性に富む。追越加速は1000rpmで可能なほどだ」

居住性についてもみてみよう。3人は楽に乗ることができ、これなら快適性は申し分ない。翻って、4人乗りのスポーツカーは非常に難しいということだろう。エスパーダのシリーズⅠではリアのフロアが高いことが問題だったが、次のシリーズⅡでは改善され、後席の乗員の足を置くスペースが確保された。

室内について言えば、このクルマはどんなGTとも異なる。4つのシートは縦に走るギアボックスのトンネルによって分割されている。マルツァルと同じ意匠の六角形のメーターナ

4枚ドアのエスパーダ

1978年のトリノ・ショーにエスパーダの特別モデルが展示された。ピエトロ・フルアが手掛けたファエーナで、サンタガータのスポーツカーの4ドア版である。デザイナーがシリーズ生産化を望んだこのモデルは、エレガントな仕上がりながら、マッチョな雰囲気も漂う。ドア2枚を追加するにあたって、シャシーは180mm延長された。これによって、ファエーナはエスパーダより車重が200kg増えた。ボディカラーはブルーで、ガラスがふんだんに使われ、ルーフはスライド式に開閉可能。対照的に、フロントマスクは平べったく、ライトはリトラクタブル。リアはスクエアで、エスパーダの後部窓を上下に二分割し、ステーションワゴンのようになっている。

2年後のジュネーヴ・ショーで改めて登場するが、その評判はたいしたものではなかった。製作されたのは1台のみ。パワーもさることながら、快適性についてもオリジナルがすでに備えていたもので、新しさに欠けていたためだろう。

セルを除けば、室内のデザインはクラシックといえる。

　1970年1月時点での生産台数は186台だった。この年のブリュッセル・ショーに、ベルトーネはマイナーチェンジを施したエスパーダ・シリーズⅡを出品する。エンジンがパワフル（350ps）になった以外では、ディスクブレーキがベンチレーテッドとなったが、これはすでに1969年終わり（パリ・サロン）には公開されていたものだ。シリーズⅠとの違いは、サイドに装着された横に走る黒いラインが目に付く。また、三角窓が嵌め殺しとなったほか、メーターナセルが六角形から普通のタイプになり、とても良くなった。内装にはレザーとウッドがふんだんに用いられている。

　エスパーダの豪華版はVIP仕様で、ベルトーネが手掛け、そしてヌッチオ・ベルトーネ自身が日常の足として使用した。ブリオンヴェガのテレビがフロントシートの間に置かれ、グラスとボトルがそろったバー・セットも用意されたが、これはボディカラーのトーンに合わせて色を選ぶことができた。

　エスパーダはシリーズⅡ以降、3年で575台と、これまでの最高の販売台数を記録する。1972年のトリノ・ショーではランボルギーニとベルトーネは最終となるシリーズⅢを発表（6年で456台）、テールライトとホイールがそのおもな変更点だった。マグネシウム製ホイールは、ミウラと同じデザインのものから、

快適
エスパーダの室内の特徴は、このタイプのクルマとしては珍しいリアのスペース。中央に走るギアボックス・トンネルは、パセンジャーの邪魔をすることなく、肘置きのような役目を果たしている。シリーズⅡでは（左）、ベルトーネのVIP向けバージョン（上）が登場。テレビ、バーが装備された。

Passione Auto • **Quattroruote** 63

テクニカルデータ
エスパーダ シリーズ2（1970）

【エンジン】 ＊形式：60度V型12気筒／縦置き ＊タイミングシステム：DOHC／2バルブ ＊燃料供給：ウェバー／40DCOE20 ツインチョーク・キャブレター 6基 ＊総排気量：3929cc ＊ボア×ストローク：82.0×62.0mm ＊最高出力：350ps／7500rpm ＊最大トルク：394Nm／5500rpm ＊圧縮比：10.7：1

【駆動系統】 ＊駆動方式：RWD ＊変速機：5段 ＊クラッチ：乾式単板 ＊タイヤ：215VR15

【シャシー／ボディ】 ＊形式：モノコック／2ドア・クーペ ＊乗車定員：4名 ＊サスペンション：（前）ダブルウィッシュボーン／コイル，ダンパー スタビライザー （後）ダブルウィッシュボーン／コイル，ダンパー スタビライザー ＊ブレーキ：ディスク ＊ステアリング：ウォーム・ローラー

【寸法／重量】 ＊ホイールベース：2650mm ＊トレッド：（前）1490mm （後）1490mm ＊全長×全幅×全高：4730×1860×1185mm ＊重量：1705kg

【性能】 ＊最高速度：250km/h

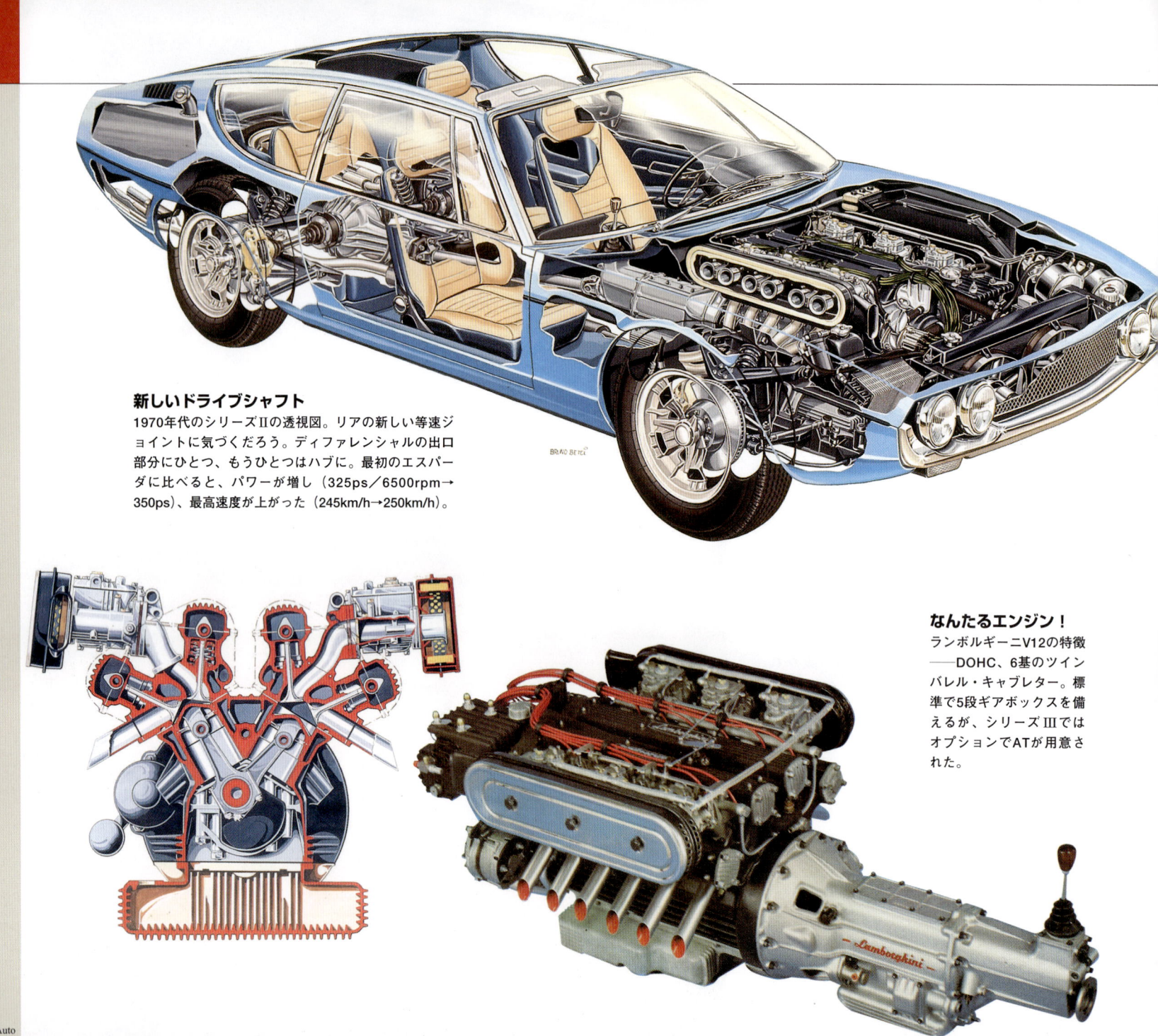

新しいドライブシャフト
1970年代のシリーズIIの透視図。リアの新しい等速ジョイントに気づくだろう。ディファレンシャルの出口部分にひとつ、もうひとつはハブに。最初のエスパーダに比べると、パワーが増し（325ps／6500rpm→350ps）、最高速度が上がった（245km/h→250km/h）。

なんたるエンジン！
ランボルギーニV12の特徴──DOHC、6基のツインバレル・キャブレター。標準で5段ギアボックスを備えるが、シリーズIIIではオプションでATが用意された。

スポーティながらエレガントな5本ボルトの新デザインが採用されている。このシリーズⅢの重要な改良は室内に施された。ダッシュボードにアルミが採用され、パセンジャーシート側のそれがわずかにドライバー側に向く。パワーステアリングも標準装備となった。

オプション・リストにはメタル製のサンルーフが加わり、1974年からはクライスラー製のATも登場した。このATにヨーロッパ人は興味を持ちはじめ、またアメリカ市場への参入を後押しすることにもなった。そのアメリカ仕様は、大きな黒いゴム製バンパーの装着が義務づけられた。

このモデルの生産は1978年まで続いた。

**エレガンス
エボリューション**

シリーズⅡで変わったのはリアの小さなウィンドーとダッシュボード。シリーズⅠ（上／ブルー）ではリアウィンドーがカバーされ、衝撃吸収の役目を担っていたが、シリーズⅡ（下）ではなくなった。室内はシリーズⅠ（下左）よりクラシックに（右）。

エスパーダ・シリーズⅡ インプレッション

トリノの前に
エスパーダ・シリーズⅡは1970年10月にテストされた。この号ではトリノ・ショーに先駆けて出品車が紹介されている。

「最高速度について語るには、240km/hを超えなければならない。果たしてこれは可能かと、ふたつの理由から考える。ひとつは、これだけの速度を出すのは通常、公道では難しいこと。もうひとつは、出せたとしても、このスピードを維持できなければ意味がないこと。そして、維持することはとても難しいのだ」

1970年10月のクアトロルオーテ誌に掲載されたインプレッションは、こんなふうに始まっている。実際、このとき行なわれた複数のテストでも、ランボルギーニが公表した250km/hという最高速度に到達することはできず、246.154km/hで数字は止まった。

いずれしても結果は充分満足のいくものだった。クアトロルオーテ誌によれば、このサイズと車重にもかかわらず、加速性能と追い越し加速については文句のつけようがないとのこと。さらに、エスパーダの長所として挙げられるのはハンドリングで、シャシーのセッティングもすばらしく、エンジンにも問題なかったと評している。

いつもどおり、クアトロルオーテ誌はテスト車を細かく分析するが、結果はいずれも良好なものだった。
「快適性については、ダンパーの減衰力といったサスペンションの設定とタイアのバランスがうまく調整してある。コーナーも含めて、スピードを意識させないほどエスパーダの走行安定性は優れている」

ブレーキもいい。しかし、フェードすることはないが、ディスクとパッドに慣らしが必要だ。燃費はいずれの速度でも悪くない。4ℓ12気筒、350psを考えれば優れた燃費を期待することのほうに無理があるというものだ。燃料タンクは容量の大きなものが用意されているが、だからといって、これによってすべてを帳消しにするわけにはいかないのも事実だ。

いずれにせよ、エスパーダは高得点でテストにパスした。
「速く快適で安全なクルマであり、慣れることも難しくない」と、インプレッションは締めくくられている。

PERFORMANCES

最高速度	km/h
	246.154

発進加速

速度（km/h）	時間（秒）
0—60	3.2
0—100	6.7
0—160	15.1
0—180	20.0
0—190	23.1
停止—400m	15.0

停止—1km	27.0

追越加速（5速使用時）

速度（km/h）	時間（秒）
40—60	5.4
40—100	16.1
40—140	26.4
40—160	32.1

制動力

初速（km/h）	制動距離（m）
60	18.5
100	49.0
140	95.0
180	159.8
200	205.6

燃費（5速コンスタント）

速度（km/h）	km/ℓ
80	8.1
100	7.3
140	5.5
160	4.7

共存

サンタガータのクルマのなかで最も快適であるにもかかわらず、エスパーダはその性能において期待を裏切るようなことがない。快適な乗り心地と高い性能がうまく共存している。

Passione Auto • **Quattroruote** 67

ミウラ・イオタ 1970

空力
エアロダイナミクスを見直すことですばらしい性能が実現した。フロントを取り囲むスポイラーに、ボディに押し込められたライト。このページの写真はイオタのオフィシャル・レプリカたるSVJである。イオタは1台のみ製作されたが、全損した。

熱風
エンジンの熱を外に出すため、数多くのエアアウトレットが設けられた。サイドに加えて、リアのナンバープレートの両脇にも用意されている。

ボブ・ウォレス——ニュージーランド人、ランボルギーニのテストドライバーである。フェルッチオのもとで仕事を始めて6年、1970年のことだった。彼の楽しみは、テスト部門で2万kmを試走したミウラをモディファイすることにあった。

まず、エンジンを440psまでパワーアップし、シャシーを軽量化したうえで強化する。中空アームのサスペンションにナイロンブッシュのユニボールを採用し、ダンパーはコニ製に変更した。軽くパワフルなこのミウラ・スペシャルは、だが、さらに空力を検討する必要があった。フロントフードのグリルカバーを廃止し、ヘッドライトにプレクシグラス製のプロテクションを

装備する。フロントマスクは細いスポイラーに囲まれ、それはホイールアーチまで続いた。前後のホイールアーチの後ろ側にはエアアウトレットが設けられた。ホイールはカンパニョーロ製、タイヤはスペシャルメイドであった。

　SVJと名づけられた10台前後のオフィシャル・レプリカを除けば、製作されたイオタは1台のみである。そのたった1台はその後クラッシュし、二度と製作されることはなかった。そして、最もパワフルなミウラでありながら、一度としてサーキットを走ったことのない、スーパープレミアムなクルマという伝説のみに生きるモデルとなったのである。

ポイント
"ウォレスの治療"によってイオタの車重は880kgとなり、"S"より170kg軽くなった。最もパワフルなミウラには、カンパニョーロ製の軽合金ホイールが装着された。タイヤはダンロップ製。

Passione Auto ● Quattroruote 69

ハラマ 1970〜1976

マッチョ
エスパーダのボディをベースにしたハラマは1970年のジュネーヴ・ショーでデビュー。タイアが大きくなったことでホイールアーチが小さく見える。

1960年代の終わり、ランボルギーニが好調だった時代にハラマは誕生した。ミウラはすでに旧式になりつつあったが、エスパーダの好調さが明るい将来を約束していた。

フェルッチオはこの時期ベルトーネに、古さの目立ちはじめたイスレロの後継車のデザインを依頼する。トーロとの関係がすでに慣習化していたベルトーネは、1970年のジュネーヴ・ショーにすんなりとハラマを持ち込んだ。ハラマとは闘牛の名前ではなく、闘牛を育てているスペイン地方の地名である。

ぴんと張ったラインが特徴的な、この新しい2＋2は、前後のフェンダー・フレアと大径タイアが目立つ。広くフラットなフロントフードには、エスパーダにも採用されたNACAダクトが2基装着される。エスパーダからはフロアパンも流用されたが、それは270mm短縮されていた。リアは長く、トランクとウィンドーに分割されている。マスクの特徴は固定式のツイン・ヘッドライトだが、これはエアロダイナミクスを考慮してというより、デザイン的要素によるものだろう。上の部分が半分ほど"まぶた"のように隠れるようになっている。

室内はレザーとウッドで構成されているが、仕上げのレベルが高いとは言いがたい。トランクの容量は限られているが、リアシートの背もたれを倒して広くすることが可能である。

ヘッドライト
ハラマのリアはルーフから斜めに下がり、そこに大きくてクラシカルなテールライトが装着されている。フロントのヘッドライトにはまぶたのようなカバーが装着されており、点灯するとこのカバーが下がる仕組み。

Passione Auto • Quattroruote

テクニカルデータ
ハラマGT（1970）

【エンジン】＊形式：60度V型12気筒／縦置き ＊タイミングシステム：DOHC／2バルブ ＊燃料供給：ウェバー／40DCOE ツインチョーク・キャブレター 6基 ＊総排気量：3929cc ＊ボア×ストローク：82.0×62.0mm ＊最高出力：350ps／7500rpm ＊最大トルク：394Nm／5500rpm ＊圧縮比：10.7：1

【駆動系統】＊駆動方式：RWD ＊変速機：5段 ＊クラッチ：乾式単板 ＊タイア：215/70 VR15

【シャシー／ボディ】＊形式：モノコック／2ドア・クーペ ＊乗車定員：4名（2＋2） ＊サスペンション：（前）ダブルウィッシュボーン／コイル，ダンパー スタビライザー （後）ダブルウィッシュボーン／コイル，ダンパー スタビライザー ＊ブレーキ：ベンチレーテッド・ディスク ＊ステアリング：ラック・ピニオン

【寸法／重量】＊ホイールベース：2380mm ＊トレッド：（前）1490mm （後）1490mm ＊全長×全幅×全高：4486×1820×1190mm ＊重量：1540kg

【性能】＊最高速度：260km/h ＊発進加速（0−100km/h）：6.8秒

レザーとウッド

ダッシュボード、シフトカバー、ステアリングホイールにたくさんの革と木が使われているにもかかわらず、ハラマGTの室内は質が高いとは言いがたい。メーターナセルはステアリングホイールとそれを握る手に邪魔され、スピードメーターやタコメーターの数字が読みづらい。

エンジンは350psのV12で、これはエスパーダと同じものだ。ランボルギーニのテストドライバーで、マルチタレントと評判だったボブ・ウォレスは、380psにパワーアップしたエンジンとアルミのボディで軽量化したバージョンを1台のみ製作、このチューンナップ・バージョンは最高時速270km/hを記録した。

1972年、エンジンはさらにパワフルに（365ps）、さらに軽量（80kg減）となり、敏捷性に富んだGTSが誕生する。前シリーズのGTとの違いは、ボンネットの中央に幅広でフラットなエアインテークとサイドのフロント

jarama S

ホイールアーチ後方のエアアウトレット、そして新デザインのホイールである。室内ではインストルメントパネルとコンソールのデザインが変更になり、ウッドからアルミになった。フロントシートはリアスペースを考慮して小振りなものになっている。オプションでATとサンルーフが用意された。生産は76年まで続けられ、販売は78年に終わっている。327台生産されたうち、GTが177台、GTSが150台だった。

より強く
1972年のGTSのパワー（365ps）以外の特徴は、フロントフード上のエアインテーク、サイドのエアアウトレット、5スタッドホイールと支点が変更されたワイパー。上の写真はツートーンカラー仕様。メーターナセルとセンターコンソールにはアルミが使われ、フロントシートが小振りになり、リアのスペースが若干広がった。

ハラマGT インプレション

エスパーダの試乗からちょうど1年後、クアトロルオーテ誌はハラマGTのテストを掲載した。1971年10月のことである。エスパーダに比べると、この新しいランボルギーニは性能が低下している。350psのV12エンジンは同じものだが、車重が軽くなっているにもかかわらず、"姉（＝エスパーダ）"と同じというわけにはいかなかった。最高速度は公式発表のそれより20km/h低く、加速性能と追越加速でも"姉"に少し離された。その試乗記には、「ハラマGTはエンジンを同じくするほかのランボルギーニ（エスパーダとミウラ）と比べるとスピードで劣っている」とある。もちろん秒の違いではある。1秒の1/10の単位での差であることもあった。わずかな差ともいえるが、それがグラントゥリズモとなれば話は別だ。なんといっても性能はクルマの名刺がわりなのだから。逆にハラマが光っていたのは走行

ピッコロ・アバルトの時代
1971年10月号の『クアトロルオーテ』の表紙を飾ったのはアウトビアンキA112。かのアバルト仕様である。この号ではランチア2000のテストも行なわれた。

安定性だ。ホイールベースを短くしたことで、コーナーでの敏捷性も改善した。技術面でみると、ステアリングは低速域で扱いやすく、スピードが上がっても軽くなりすぎることがない。ブレーキは踏力を必要とする。ギアボックスは扱いやすいが、4速から5速が入りづらい。クラッチも悪くない。

エンジンに話を戻すと、「V12はパワフルで3500rpmから4000rpmにかけてのサウンドも魅力的だ。6000rpmから7200rpmのレッドゾーンでもランボルギーニは問題なしとしている。こうして今回のテストでは、8000rpmをかすめるまで回すことになった」。

さて結果はどうだろう。マニュアルで作動するラジエターの冷却ファンは使いにくい（低速走行時には欠かせない）。なぜなら、水温計を絶えずチェックするのを忘れる可能性があるからだ。燃費は良く、有鉛ハイオク使用で3.5km/ℓだった。タンクの容量は100ℓで（1972年当時、満タンにして1万6000リラ）、給油1回につき350kmの走行が可能である。

パセンジャーシートの乗り心地はいいが、リアは快適とは言いがたい。サスペンションのせいだろうが、いずれにせよ、200km/hを超えるクルマの性質を考えれば、いたしかたのないところだ。静粛性も悪くない。エアコン（標準装備）が室内の温度を快適に保つ。

PERFORMANCES

最高速度	km/h
	238.174

発進加速

速度 (km/h)	時間 (秒)
0−60	3.2
0−80	5.0
0−100	7.0
0−120	9.5
0−140	12.3
0−160	15.9
0−180	20.6
停止−400m	14.9
停止−1km	27.0

追越加速（5速使用時）

速度 (km/h)	時間 (秒)
40−60	7.2
40−80	16.9
40−100	22.8
40−120	27.8
40−140	33.0

制動力

初速 (km/h)	制動距離 (m)
60	15.7
80	31.5
100	50.6
120	73.1
140	99.0
160	128.9
180	161.7
200	196.5

燃費（5速コンスタント）

速度 (km/h)	km/ℓ
80	5.2
100	5.1
120	4.7
140	4.3
160	4.1
210	3.6
240	2.7

扱いやすくコンパクト
ほかのランボルギーニに比べて飛び抜けているわけではないが、ハラマはスポーティでドライビングが楽しいクルマだ。

ウラッコ 1970〜1979

シンプル
ウラッコの独特なラインは、ミドシップというエンジンのポジションとリアシートを確保する必要性から生まれたものだ。右はP250の最初のシリーズ。14インチのカンパニョーロ製ホイールが特徴で、後に15インチとなった。リトラクタブル式のヘッドライトの位置も独特。

形のうえでもコンセプトにおいても、必要性は低かったとしても、燃費の面でも価格のうえでも、とにかく革命的な4シーターを——。それは、フェルッチオ・ランボルギーニから依頼を受けた、チーフ設計者のパオロ・スタンツァーニにとっても、ベルトーネのデザイナー、信頼の厚いマルチェロ・ガンディーニにとっても、決して簡単な課題ではなかった。しかし、ランボルギーニではエリートの要素が控えめなセグメントを必要としていたのだ。すなわち、手の届きやすい価格設定でありながら、トーロのクルマの特徴である高い性能を備えたモデルである。

1970年——エネルギー危機の時代である。

パワフルなクルマを生産することに疑問符が投げかけられていた時期だった。最高出力220ps／7500rpmを発揮する、2.5ℓのV型8気筒（V12を置くスペースがなかった）SOHCエンジン——スタンツァーニが提案したこのエンジンは、ピッコラ・ランボルギーニにふさわしいものだった。ベルトーネは3台のプロトタイプを用意したが、選ばれたのはより"クリーン"なデザインのプロトタイプだった。

短めのフロントフードとフロント寄りのドライビング・ポジションは、コクピットとリアタイアの間、すなわちミドシップに横置きされるエンジンのためだったが、同時にリアスペースを確保するためでもあった。もっとも、それはあくまで理論上のことで、そのせいでリアシートは小さく、背もたれは垂直だった。

ウラッコのエクステリアの特徴は、ミウラを連想させる後部窓の羽根のようなルーバーで、これはサイドにも装着されている。ヘッドライトは丸型2灯のリトラクタブル式を採用したが、このフロントマスクにしては古めかしさが目立つ。だが、カンパニョーロ製ホイールがとても良く、エレガントな印象を与えている。

2台製作されたP250（2.5ℓ Posteriore／後方、この場合ミドシップ）は1970年のトリノ・ショーでデビュー、ボディカラーがオレンジのウラッコはランボルギーニのスタンド

3台のプロトタイプ

左はベルトーネが製作した3台のウラッコ（有名なマノレーテを殺した雄牛の名前）のプロトタイプのうちの1台。ヘッドライトはツイン・リトラクタブル式。フェラーリ308GT4を連想させるテールである。上はゴブレット型（コーンが深い）のステアリングホイールで、レッグスペースを確保するために採用された。

Passione Auto • Quattroruote

テクニカルデータ
ウラッコP250（1970）

【エンジン】 ＊形式：90度V型8気筒／ミドシップ横置き ＊タイミングシステム：SOHC／2バルブ ＊燃料供給：ウェバーツインチョーク・キャブレター4基 ＊総排気量：2462cc ＊ボア×ストローク：86.0×53.0mm ＊最高出力：220ps／7500rpm ＊最大トルク：225Nm／5750rpm ＊圧縮比：10.4：1

【駆動系統】 ＊駆動方式：RWD ＊変速機：5段 ＊クラッチ：乾式単板 ＊タイヤ：205/70 VR14

【シャシー／ボディ】 ＊形式：モノコック／2ドア・クーペ ＊乗車定員：4名 ＊サスペンション：(前)マクファーソン・ストラット／コイル，ダンパー スタビライザー　(後)マクファーソン・ストラット／コイル，ダンパー スタビライザー ＊ブレーキ：ベンチレーテッド・ディスク ＊ステアリング：ラック・ピニオン

【寸法／重量】 ＊ホイールベース：2450mm ＊トレッド：(前)1460mm (後)1460mm ＊全長×全幅×全高：4250×1760×1115mm ＊重量：1100kg

【性能】 ＊最高速度：240km/h ＊発進加速（0－100km/h）：6.9秒

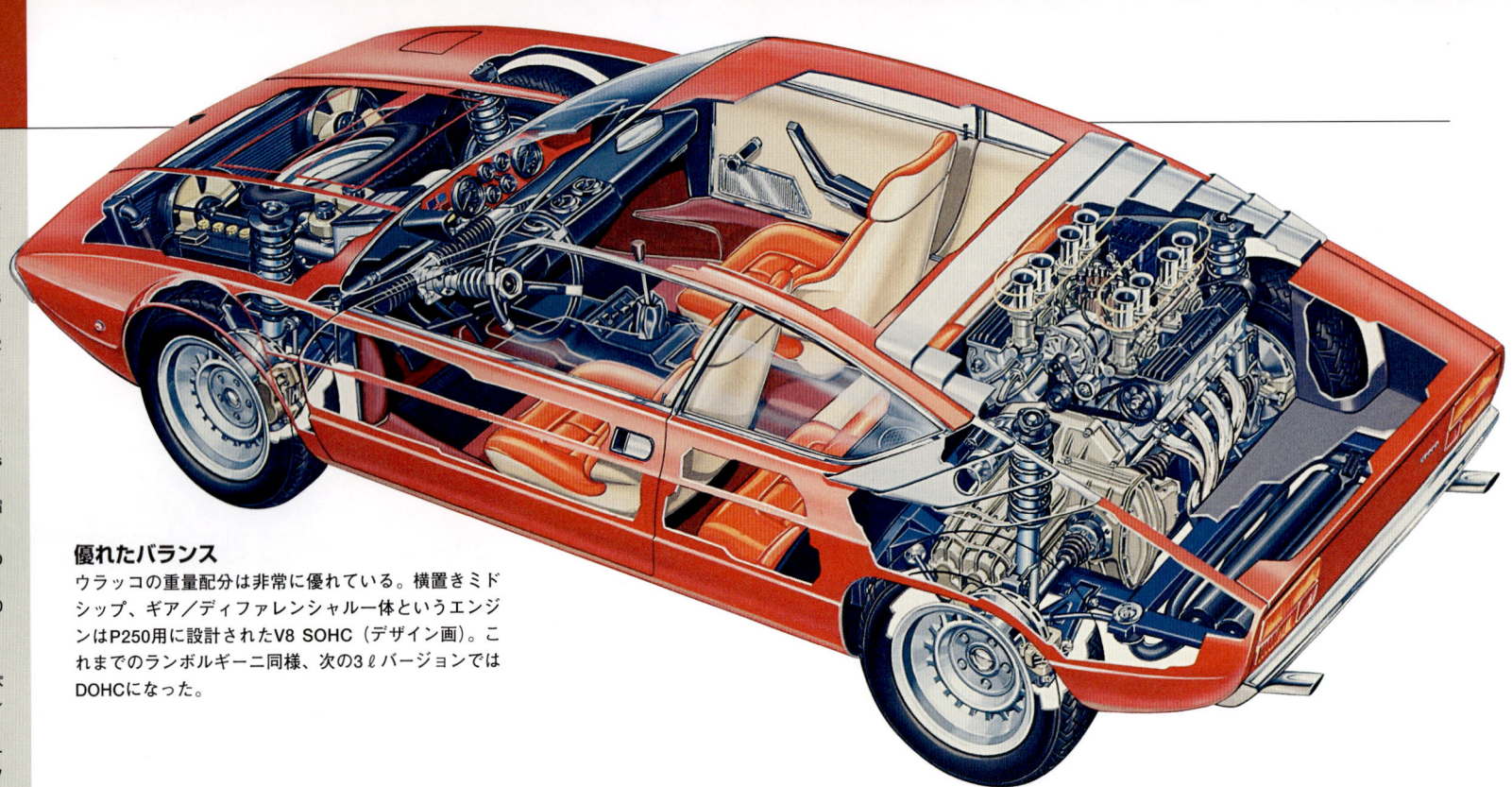

優れたバランス

ウラッコの重量配分は非常に優れている。横置きミドシップ、ギア／ディファレンシャル一体というエンジンはP250用に設計されたV8 SOHC（デザイン画）。これまでのランボルギーニ同様、次の3ℓバージョンではDOHCになった。

に、白はベルトーネのスタンドに置かれた。

メディアと観客の反応はおおむね好意的なものだった。物理的必然性によって生まれたデザインは、クルマに上手くフィットしていた。少なくとも見た目は――というのも、最初の社内テストから大小問わずのトラブルが続出、結果デリバリーが遅れ、この状態が1972〜73年まで続いたのである。注文した人たちは常識ではありえない長い期間を待たされることになった。

なにより、ランボルギーニは難しい時期を迎えていた（285人で年間500台のクルマを生産）。フェルッチオは工場の51％の権利をスイスのビジネスマン、ジョルジュ・ロゼッティに譲渡する。

1974年、3ℓのP300が誕生する。DOHCとなり、出力は260ps／7000rpmに向上した。この年、イタリア国内マーケット限定の"石油ショック対応"であるP200もデビューする。排気量1973cc、出力182psのこのモデルは、2ℓ以上のクルマに課される高額の税金回避のためのものであった。P250は520台、P300は190台、P200は66台のみで、ウラッコの生産は79年まで続けられた。

ウラッコ P250 インプレッション

このインプレッションはスペシャルなものだった。1973年6月号の『クアトロルオーテ』の主役はウラッコだったが、その試乗車はスペシャル・テストドライバーの手に委ねられた。その名はエマーソン・フィッティパルディ、F1で2度のタイトルを獲得したドライバーである。

彼の分析はエクステリアとインテリアから始まった。タコメーターのポジションやシートレバーが固いといったディテールを別にすれば、フィッティパルディはこのクルマが大いに気に入った。次はエンジンについて、「非常に柔軟で弾力的だ。特にこの排気量を考えると驚くに値する。8気筒エンジンはスポーツカー独特の神経質なところがあるが、街中のドライブにもぴったりだ」。エマーソンのようにシングルシーターに慣れているドライバーにとっては、ウラッコの最高時速230km/h超という性能は物足りないかもしれない。「911Sのことを思い出したよ。5000rpmに達するとパワーが出て、加速がすごく強烈になる。たぶん、こういうところを嫌うドライバーは多いと思うんだ。もう少し温和なほうがいいってね。ウラッコはそういうドライバーに適したクルマといえる」 走行安定性については明快で、「このランボルギーニの挙動はニュートラルで、コーナーでも地面にピタッと張りついている」。クルマを挑発しても、リアは乱れることがなく、容易にアンダーステアをコントロールできる。ブレーキもいい。シフトはストロークが少し長めだが、扱いやすい。

「残念なのはステアリングだな。最小回転半径が大きすぎるよ……」と、エマーソンは締めくくった。

スペシャル・テスト
1973年6月号ではランチア・ベータをテスト。フィアット・グループ入り後、はじめて製作されたランチアだ。表紙はフォルクスワーゲン・ビートル・カブリオレ。ウラッコをテストしたのはエマーソン・フィッティパルディで、2度（72年と74年）にわたってF1タイトルを獲得したドライバーである。

ミウラ SV 1971〜1972

最後の進化

SVはイオタ（SVのヒントとなったテストモデル）を除けばミウラ最強仕様で、シリーズ中最もパワフル。ワイドタイアが装着され、エクステリアは押しが強くアグレッシヴ。非常に賞賛されたにもかかわらず、1年後、150台を生産してフェルッチオ・ランボルギーニはSV終了の決定を下す。おそらくカウンタックのデビューとの兼ね合いで決定されたのだろう。

"S"の登場からおよそ3年、フェルッチオ・ランボルギーニはミウラの最後の進化版を製作する。このときすでに、ミウラは高性能グラントゥリズモの基準となっていた。

1971年はランボルギーニ社にとってホットな年だった。好調なエスパーダV12、ウラッコV8に続いて、カウンタックのプロトタイプが登場した。新しいアイデアが続々と沸きでたが、それでもミウラは依然、デザイン的にも性能面でもランボルギーニの象徴であり、人々を魅了していた。

チーフ・テストドライバーのボブ・ウォレスが、ミウラの獰猛な性格を引き出してフェルッチオを驚かせようとイオタの製作を"楽しんだ"が、フェルッチオはレースに勝てる

伝統

このシフトゲートはフェラーリでも採用されている。レバーは手前に傾斜がつき、ドライバーは寝そべったような低いスタイルでドライブすることになった。

クルマより、技術レースに勝つクルマが好きだった。この思いが、自動車界の年初めの祭典、ジュネーヴ・ショーにSVを出品することになり、誰もが欲しがったミウラが生まれた。

エクステリアはさらに押しが強くなると同時にエンジンもよりパワフルになり、マッチョで野獣のようなSVに進化した。ワイドサイズのホイールとタイアを採用するため、フロントフードが20mm広げられ、ホイールアーチが大きくなり、リアのトレッドも130mm拡大

低く構えたトーロ
新しいテールライト、黒い帯、低い位置にマウントされるナンバープレート、これらがクルマ全体に一層低くなった印象を与える。

テクニカルデータ
ミウラSV（1971）

【エンジン】＊形式：60度V型12気筒／ミドシップ横置き ＊タイミングシステム：DOHC／2バルブ ＊燃料供給：ウェバー／40IDL3L トリプルチョーク・キャブレター 4基 ＊総排気量：3929cc ＊ボア×ストローク：82.0×62.0mm ＊最高出力：385ps／7850rpm ＊最大トルク：399Nm／5750rpm ＊圧縮比：10.7：1

【駆動系統】＊駆動方式：RWD ＊変速機：5段 ＊クラッチ：乾式単板 LSD ＊タイヤ：（前）205/70VR15 （後）255/60VR15

【シャシー／ボディ】＊形式：モノコック＋前後フレーム／2ドア・クーペ ＊乗車定員：2名 ＊サスペンション：（前）ダブルウィッシュボーン／コイル，ダンパー スタビライザー（後）ダブルウィッシュボーン／コイル，ダンパー スタビライザー ＊ブレーキ：ベンチレーテッド・ディスク ＊ステアリング：ラック・ピニオン

【寸法／重量】＊ホイールベース：2504mm ＊トレッド：（前）1410mm （後）1540mm ＊全長×全幅×全高：4360×1760×1050mm ＊重量：1305kg

【性能】＊最高速度：285km/h

されたため、がっちりした印象を与える。フロントグリルの下には横長のエアインテークがふたつ設けられたが、一方でデビュー以来、このクルマのキャラクターだったあの"睫"はなくなった。フロントにアンバーのターンシグナルが採用され、リアの3分割テールライトはフレームでひとつに囲まれている。同じくリアのハニカム（六角形）グリルが黒い帯に変更された。

メカニズムには大きな変化がみられた。12気筒のパワーアップ（370psから385psへ）以外に、1971年9月からエンジン／駆動系の潤滑

Quattroruote ●Passione Auto

システムに変更を受け、待ち望まれていたエンジンのドライサンプ方式が採用され、同時に用意されたLSD（リミテッド・スリップ・デフ）とともに多くのカスタマーから注文を受けた。リアのサスペンションも一新され、アームに変更を受けた。1年後、150台を生産してミウラは終了したが、間違いなく、自動車史上、最も優れたグラントゥリズモの一台だった。

睫なし
新保安基準から、SVではライト周りのグリルを外し、ターンシグナルが大きくなった。ワイドタイアを採用するためホイールアーチも大きくなっている。ディスクブレーキはベンチレーテッド。82ページの写真は、385psを発するパワフルなパワーユニットと、不変のインストルメントパネル。

カウンタック LP500／LP400 1971〜1977

伝説となった スタイリング

生産を求めるよりドリームカーのままのほうがふさわしい、そんな印象を与える未来的スタイリングだ。1971年のジュネーヴ・ショーでのベルトーネのデザインに対して、人々は単なるデザイン・スタディであろうと捉えた。

実を言えば、ランボルギーニを代表するモデルに付けられたこの名前は方言である。といっても、エミリア地方の方言ではない。ピエモンテ弁の"クンタッチ！（凄い！）"だ。

ピエモンテ地方、グルリアスコにあるベルトーネで、ベルトーネ本人とガンディーニが、ランボルギーニのエンジニア、スタンツァーニを待っていた。約束時間に遅れて到着した彼にドリームカーを見せたとき、その場にいたベルトーネの警備員が「クンタッチ！」と叫んだ──。車名の由来こそ、決してエキゾチックなものではなかったが、クルマは"平凡"とは遠くかけ離れた独創的なものだった。

1971年のジュネーヴ・ショーでデザイン・スタディが紹介された。デザイナーは今回も、ベルトーネの名を冠したランボルギーニのデザインをすべて手掛けたマルチェロ・ガンディーニだった。LP500という、このモデル名は、エンジンのポジション（Posteriore＝後方）と排気量を示す。コンセプトカーとして登場したが、フェルッチオの性格を知る者は、このクルマが遠くない将来、生産モデルとなることをすぐに理解したはずだ。ジュネーヴ・ショーで発表されたブリリアント・イエローにペイントされたモデルは裕福なエンスージアストの注目を集め、誰もがこの新しいGTに熱狂した。440psのオブジェがクライアントの心を掻きたてたのだ。

未来派

カウンタックの最初のプロトタイプ。スムーズなサイド、高いウェストライン。フラットで尖ったマスク、高いリアエンドにはライトが装着され、これがボディ全体と結びつく。ドアの開き方はスペクタクルのひとことに尽き、室内の計器類はデジタル表示。このプロトタイプは末路を"被害者"として終える。イギリスで行なわれたクラッシュテストで、その生涯を閉じたのである。

Passione Auto • **Quattroruote** 85

決定版

カウンタックの3台のプロトタイプのうち、最後の1台は1973年のパリ・サロンで紹介され、カタログにも用いられた。エンジンは4ℓ、ボディは140mm長くなり、ほかの要素も含めて生産モデルとほとんど同じだった。しかし、サイドウィンドーはこの時点では二分割型だ。

カウンタックはどこをとっても驚きのクルマだった。角ばり出っ張ったラインと鋭いアングルが、この変わったマッチョなフォルムを作りだし、その下には恐るべきV12、プロトタイプでは5ℓまで拡大されたエンジンが隠されている。その場所はギアボックス後方で、コクピットに近い位置にミドシップされた。

シリーズ生産車という観点からみると、いくつかのディテールは当惑ものだった。デジタル計器、スペクタクルなドア――このドアは上方向に開くようになっていたのだが、これは将来的に、ランボルギーニの上級モデルにすべて採用されることになった。

1973年のジュネーヴ・ショーでは、2年前よりさらに注目された。今度のプロトタイプは挑発的な赤にペイントされており――おそらく、このカラーはモデナで製作されるGTのほうがふさわしかったかもしれない――、公道用のテールライトが装着され（最初のプロトタイプのそれとは異なる）、室内も整っていた。興味を示したクライアントの数が予想を大幅に上回っていたことが、少数規模ながら、生産を決定させた。

この2番目のプロトタイプに辿りつくため

変わったホイール

カンパニョーロ製ホイールの新しいデザイン。サイズは前が14インチ、後ろが15インチになった。タイアはミシュランXWXで、サイズは205/70VR14と215/70VR15。

テクニカルデータ
カウンタックLP400
(1973)

【エンジン】＊形式：60度V型12気筒／ミッドシップ縦置き　＊タイミングシステム：DOHC／2バルブ　＊燃料供給：ウェバー／45DCOE ツインチョーク・キャブレター 6基　＊総排気量：3929cc　＊ボア×ストローク：82.0×62.0mm　＊最高出力：375ps/7850rpm　＊最大トルク：365Nm／5000rpm　＊圧縮比：10.7：1
【駆動系統】＊駆動方式：RWD　＊変速機：5段　＊クラッチ：乾式単板 LSD　＊タイヤ：(前)205/70VR14　(後)215/70VR15
【シャシー／ボディ】＊形式：チューブラーフレーム／2ドア・クーペ　＊乗車定員：2名　＊サスペンション：(前)ダブルウィッシュボーン／コイル，ダンパー スタビライザー (後)ダブルウィッシュボーン／コイル，ダンパー スタビライザー　＊ブレーキ：ベンチレーテッド・ディスク　＊ステアリング：ラック・ピニオン
【寸法／重量】＊ホイールベース：2450mm　＊トレッド：(前)1500mm　(後)1520mm　＊全長×全幅×全高：4140×1890×1070mm　＊重量：1065kg
【性能】＊最高速度：315km/h　＊発進加速(0－100km/h)：5.6秒

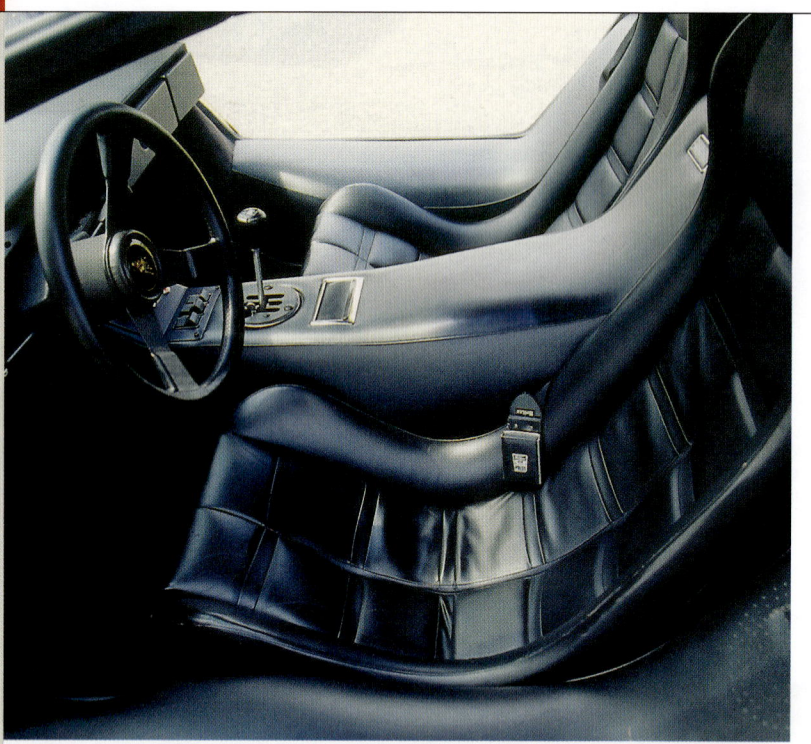

共生

エンジン、ギアボックスはなるべく前に、コクピット寄りに搭載され、大きなセンタートンネル(左)内にも収められた。カウンタックのドライビング・ポジションはかなり寝そべるように深い。下の左は生産モデルのチューブラーフレーム・シャシー。

に、最初のカウンタックはボブ・ウォレスによって厳しいテストが敢行された。彼は、あらゆるタイプの道とコンディションのもとでテストを行なったのだが、この緻密なテストによってさまざまな問題が浮かびあがった。ベンチレーションが不充分という判断から、サイドウィンドーの後ろに立派なエアインテークが装着され、ふたつのNACAダクトがドアとリアのホイールアーチの間に設けられた。デジタル計器はトラディショナルなアナログ式に戻され、読みやすくなった。デザイン重視だったステアリングホイールは"フツウ"になっている。サンタガータのクラシックなV12には違いないが、新しいエンジンをというフェルッチオとスタッフの意気込みが、375psの4ℓエンジンのテストにつながった。

最初のプロトタイプのそれと異なり、チューブラーフレーム・シャシーを採用したため、車重は1000kgちょっとに抑えられ、最高速度は315km/hと公表された。レース仕様ではないクルマでこの数値は驚異的といえる。

赤いプロトタイプ、カウンタック"ロッサ"（LP400、排気量が異なる）はショーを終えると再びテストに送りこまれ、3代目へバトンタッチする。今回のボディカラーはグリーン・メタリックである。このモデルにはサイドウィンドーの後ろ側、リアフェンダーの高い位置にエアインテークが装着され、サイドウィンドーは3枚で構成されている。フロントノーズは高速時のスタビリティを高めるために、ノーズリフトを押さえるフォルムとなり、フロントのブレーキ冷却用にエアインテークが装着された。

こうして、1974年のジュネーヴ・ショーにシリーズ生産第1号として、71年のプロトタイプと同様にイエローにペイントされたクルマが登場することになったのだが、この年、フェルッチオ・ランボルギーニは自ら創設した会社の持ち株を譲渡したのだった。

ライト類
異色づくめのカウンタックのデザインの中でも、ひときわ独創的なのはライト類だ。フロントはリトラクタブル式ヘッドライト。下の半透明の長方形の中には車幅灯とターンシグナルが入り、バンパーに組み込まれている。テールライトもボディ一体に組み込まれたタイプで、これは実にすばらしいアイデアだ。

Passione Auto • Quattroruote 89

ブラーヴォ 1974

　1974年のトリノ・ショーでベルトーネが発表したのはコンセプトカーだった。これがまた独創的なクルマだった。そのスタイルが独創的なだけでなく、技術的にもデザイン面でもオリジナリティに溢れていた。ショーの前にランボルギーニのテストドライバーが路上で試走したが、その様子はデザイナーが想像したとおりだった。

　工場で「スタディ118」と呼ばれたブラーヴォは、生産準備が完了したランニング・プロトタイプだった。おそらくウラッコP300の後継車と考えられていたのだろう。実際、ブラーヴォの主要部品はウラッコから転用されていたのだが、会社が難しい局面にさしかかっていたために、後継車になることはなく、1台きりのプロトタイプで終わったのである。

　室内が非常に狭いため、ドライビングに適しているとは言いがたく、そういう意味ではまさにデザイン・プロポーザルであった。しかし、それでもこのクルマには、さまざまな興味深い提案がみてとれる。

　ラインから見ていくと、スクエアでフラット、それでいて滑らかなデザインである。たっぷりとした前後のフードは44ヵ所に長方形のエアアウトレットが設けられていた。察するに、ブラーヴォには放熱に問題があったのだろう。

　加えて、ガラスの部分が印象的で、ピラーが隠され、まるでフロントガラスとサイドウィンドーが連続したガラスで形成されているかのようだ。ホイールは5穴の新しいタイプで、かなり大きく、花びらのようなデザインである。ホイールといえば、ブラーヴォではタイヤにピレリのチンチュラートが採用されているが、フロント（195/50VR15）よりリア（275/40VR15）のほうがサイズが大きい。

洗練のスタイル
ブラーヴォの魅力的なリア（下はベルトーネのデッサン）。そこには車名が大きく記されている（右）。

ガラスと熱
1974年にトリノ・ショーで披露されたブラーヴォには、ガラスがふんだんに使われ、また多くのエアアウトレット（なんと44個も）が前後のフードに用意されている。熱処理対策用。

シルエット 1976〜1979

シルエットは、ランボルギーニ初のオープンタイプのプロダクションモデルである。このクルマは、パワー不足と仕上げの悪さのために生産されることなく長年眠っていたウラッコのオープンモデルを発展させたもので、新しいスタイリングの8気筒エンジン搭載車としてデビューした。

シルエットは1976年にジュネーヴ・ショーで初公開されたが、大評判には至らなかった。生産されたのは2年間で、トータルの販売台数は50台ほどだった。このクルマに搭載された8気筒エンジンにランボルギーニ社はかなり期待を寄せていたが、歴史を塗り替えるというわけにはいかなかったようだ。

しかし、ビジネスとしては成功しなかったものの、技術的にもデザイン的にも良くできたモデルだった。まず、デザインにオリジナリティがある。"ピッコラ・ランボルギーニ"の投入にあたって依頼を受けたのは、やはりベルトーネだった。財政的理由から、ベースにはウラッコP300を使用した。ベルトーネでは異なるデザインのプロトタイプを何台か製作したが、もちろんいずれのモデルもオープンタイプで、全体のスタイルにもクルマの剛性にもおよそ影響を及ぼさないタルガトップが選ばれた。スチール製ボディを改良することにより、ウラッコに備えられたリアの小さなシート用スペースは、ビニール製幌、もしくは小さめのカバンを置くスペースに生まれ変わった。

重要なモディファイはボディにも見られる。フロントに大きなスポイラーが嵌めこまれた。中心部がフラットになった"トンネル"型のリ

押しの強さ
ランボルギーニのロードカーとして、初めてワイドタイアのピレリP7が装着されたことで、シルエットはアグレッシヴになった。タルガ以外では、フロントスポイラー、印象的なバンパーがウラッコとの違う点。フロントフードも変更されている。

ブラインドなし
リアは"トンネル"タイプになり、ウラッコの特徴だったルーバーがなくなった。

テクニカルデータ
シルエット（1976）

【エンジン】＊形式：90度V型8気筒／ミドシップ横置き ＊タイミングシステム：DOHC／2バルブ ＊燃料供給：ウェバー／40DCNF ツインチョーク・キャブレター 4基 ＊総排気量：2996cc ＊ボア×ストローク：86.0×64.5mm ＊最高出力：260ps／7500rpm ＊最大トルク：275Nm／3500rpm ＊圧縮比：10.0：1

【駆動系統】＊駆動方式：RWD ＊変速機：5段 ＊クラッチ：乾式単板 ＊タイア：（前）195/50VR15（後）285/40VR15

【シャシー／ボディ】＊形式：モノコック／2ドア・クーペ（タルガトップ）＊乗車定員：2名 ＊サスペンション：（前）マクファーソン・ストラット／コイル，ダンパー スタビライザー（後）マクファーソン・ストラット／コイル，ダンパー スタビライザー ＊ブレーキ：ベンチレーテッド・ディスク ＊ステアリング：ラック・ピニオン

【寸法／重量】＊ホイールベース：2450mm ＊トレッド：（前）1484mm（後）1532mm ＊全長×全幅×全高：4400×1750×1120mm ＊重量：1240kg

【性能】＊最高速度：260km/h ＊発進加速（0－100km/h）：6.5秒

バランス

トレッドがワイドになり、タイアサイズが変わった。8気筒エンジン（左）の最高出力は260ps、ハンドリングに優れていた。写真はクアトロルオーテ誌テストドライバーの試乗風景。最高速度243.5km/hを記録、0－1km加速は27秒、100km/h巡航で"飲む"量は16.3ℓ/100km。「燃費はちょっと……」、『クアトロルオーテ』は続いてこんなふうに記す。「しかし、およそ1800万リラをこのクルマに払う人にとっては、この燃費が問題になることはないだろう」

アフードは、一部マット・ブラックのプラスチックが採用され、縦長のエアインテークがふたつ装着された。極めて独特といえるのは、サブに用意されたミニバンパーで、サイドに回りこんでいる。新しいホイールは5穴タイプが選ばれ、組み合わされるタイヤはワイドなピレリP7（前：195/50VR15／後：285/40VR15）で、優れた走行安定性に寄与した。

『クアトロルオーテ』1976年7月号のインプレッションの中で述べられているとおり、シルエットをコントロールすることは、スロットルペダルさえ使いこなせれば、コーナーでも高速走行時でもそれほど難しくはない。コーナーの入口ではアンダー気味、真ん中ではニュートラル、出口ではオーバーステアという、ミドエンジン・グラントゥリズモの典型的な挙動が現われる。クラッチは重めだが、過剰ではない。ギアボックスも、"初心者"が簡単に扱えるほど操作性がいい。ブレーキについては、中速域と下りではいいが、高速域ではわずかながらリアの落ち着きが失われる。エンジンは神経質だが、加速はいい。サスペンションは（特に荒れた路面では）硬く、快適とは言いがたい。それでも結論的には、シルエットは敏捷性の高いクルマで、パワーがあって楽しいと綴られている。ただし、生まれた時期があまりに悪かった。世界的に不景気で、なにより会社は経営不振で創業者の手から離れたばかりだったのだ。

スポーティな室内
ウラッコ（上）のそれより使いやすくなったインストルメントパネル。シートはウラッコと同じ。フロントシートの後ろに幌の収納スペースが用意された（左）。「シルエット」という名前は、この年からグループ5で競われるようになった世界選手権を走る「シルエット・フォーミュラ」から取ったもの。

オフロード・ヴィークル 1977〜1992

　エミリア地方の他の高性能スポーツカー・メーカー同様、ランボルギーニもまた1970年代半ば、オイルショックがもたらした深刻な景気後退の波を被っていた。ラクシュリーカーのマーケットは縮小し、サンタガータの工場は創業者のアイデアを必要としていた。分野を広げるような何か新しいことをする必然性に迫られていたのだ。創設者・フェルッチオが戦後、"ドゥ・イット・マイ・セルフ"よろしく、かき集めた部品でトラクターを造り、商売を広げたように──。しかし、当のフェルッチオ・ランボルギーニはすでにこの会社のオーナーではなく、ランボルギーニ社はふたりのスイス人、ジョルジュ・アンリ・ロゼッティとレネ・レイマーの手に渡っていた。

　彼らが会社のことを真剣に考えていたことに疑いはない。この分野での経験と知識に乏しかったには違いないが、それでもランボルギーニ社を立て直そうと努力した。こんな状況のなかで、彼らは財政的な事情で喘ぐふたりのアメリカ人エンジニアから、オフロード・モデル、チーターのコピーライトを廉価で買い取ることに成功する。

　プロジェクトは即座にスタートした。湾岸諸国によって行なわれる軍用車の納車権の入札に参加することになったのである。国境警備が使用目的だったが、どこにでもすぐ移動

ミドシップ
1977年のチーター（下のプロトタイプ）と81年のLM001（右）。メカニカル部分に変更はない。エンジンはミドシップで、サイドには大きなエアインテークが装着されている。

96 Quattroruote • Passione Auto

フロントへ
LMA002（写真）からエンジンはフロントに配置された。これにより、オフロード／オンロード双方での挙動が良くなった。また、エンジンをフロントに配置したことで、リアにふたり分のカバン＋小さなカバン用のスペースができた。

大きなタイア
ピレリ・スコーピオンはエクスクルーシヴで高価なタイアである。いかなる状況下でも3トンの重量を支え、V12ユニットのパワーをフルに活用させる。ランボルギーニ・オフロードカーのプロダクションモデルのLM002は1986年に登場。ウィンチはオプションである。

できることが必要とされた。四輪駆動車を軍事マーケットのために製作することは、リスクが少ないという点で、この頃のランボルギーニには向いていた。

　軍用車については細かな規定があったが、この規定をクリアできたのは入札に参加した会社のなかでランボルギーニだけだった。しかしながら残念なことに、2000〜3000台と見こまれていた納車台数は、政治的問題によって大幅に減らされる。莫大な投資が行なわれていたために回収の必要があり、軍用から民間へ転換を迫られることになったのだ。民間用オフロード・モデルのチーターは、こうして1977年のジュネーヴ・ショーで発表の運びとなったのだった。

　このショーで、クルマは注目を集めはしたが、この時点ではエンジンはまだアメリカ製のものだった。ランボルギーニにはランボルギーニ製エンジンが不可欠であることは、イメージ戦略上でも明白だった。しかしその後、実に5年もの長い間、このオフロード・モデルのプロジェクトは凍結される。会社はいっそう財政的に苦しい時期を迎えており、最終的にランボルギーニ社は倒産してしまう。しかし、フランスの若き実業家、自動車を愛するパトリック・ミムランがランボルギーニの株をすべて買い取ることになり、「ヌォーヴァ・アウトモービリ・フェルッチオ・ランボルギーニS.p.A.」として、生まれ変わったのだった。

ランボルギーニが抱えていたいくつかのプロジェクトの中から、ミムランはオフロード・モデル、チーターのプロジェクト再開を決定する。LM001（LMとはランボルギーニ・ミリタリーの意）はチーターのボディがそのまま流用され、トルクコンバーター付きATはクライスラー製が採用された。パワーユニットは2タイプで、4754cc／370psのランボルギーニ製V12と、5900cc／180psのAMC製V8エンジンで、いずれもミドシップされた。見た目の違いはボディにもあって、二対の丸いヘッドライトが長方形のタイプに変更を受けた。

ところで、ニュー・オフロードの最初の問題はV8にあった。ハンドリングはいいのだが、あまりに遅かったのだ。V12はパワーは充分

先駆者
ユニークでエクスクルーシヴなランボルギーニLM002は、2000年代の豪華SUVブームの先駆者であった。

だったものの、ハイスピードになるとコントロール不可能な状態に陥った。原因は重量配分にあり、それがオフロードに向いていなかったのだ。

1982年に発表された、LMA002（ランボルギーニ・ミムラン・アルフィエリの頭文字）と名づけられた次のプロトタイプでは、V12はフロントに配置され、格段に改良された。83年には自社開発の、なんと7ℓの12気筒、420psというユニットを搭載したニューバージョンが登場する。これは、86年にブリュッセル・ショーで公式に披露されたのち、"メイド・イン・ランボルギーニ"のオフロードカー、LM002として販売されることになった。

スタイルは10年前にジュネーヴで発表されたものとほとんど変わらない。LM001でスクエアになったヘッドライトは丸いタイプに戻され、鋼管製バー（ブル・バー）がフロントに装着されている。

室内は、最初はスパルタンだったが、レザーやウッドを使用することによって雰囲気が

豪華な車内
スパルタンで軍事用の雰囲気が漂っていたLM001の車内を見直した結果、LM002のインテリアは洗練され、レザーとウッドが多用された。4つのシートはセンター・トンネルによって分けられ、ゆったりと独立している。スポーティなドライビングを行なうには、シフトレバーのポジションは完璧とは言いがたい。

100 Quattroruote • Passione Auto

変わった。高性能オーディオを搭載し、ブロンズガラスとなり、オプション・リストにはテレビや防弾ガラス、狩猟用銃を置く台（戦争用かもしれないが）が並ぶ。

エンジンは"いつもの"ランボルギーニの5167cc V12（455ps／6800rpm）ながら、時代に合わせて、カウンタック・クアトロヴァ

王様のクルマ

LM002の最初の1台は、サンタガータのオフロード・マシーンの生産販売の方向性を決定づけた。カウンタックが走るのにふさわしい道を持たない人々にとって、このオフロード・マシーンはカウンタックに代わるものだったのだ。モロッコ王のハッサン2世もそのひとりである。在位25年を記念して軍隊から贈られた。ボディは豪華なゴールド・メタリックにペイントされ、車内には白の革がふんだんに使われている。洗練されたオーディオをはじめ、オプションがずらりと並ぶ。そのなかには狩猟に欠かせないサンルーフもみられる（開閉はマニュアル）。このクルマはモロッコ軍のハーキュリーズC130輸送機でデリバリーされた。

ランボーのランボ
アメリカでLM002は大好評を博した。ミリタリー・スピリットを持ったタフさが人気の秘密。大きなタイヤとパワフルなメカニズムを持ったマッチョなボディが、このクルマのアイデンティティとなった。

Passione Auto • Quattroruote 101

テクニカルデータ
LM002 5.2i キャタライザー（1990）

【エンジン】＊形式：60度V型12気筒／フロント縦置き ＊タイミングシステム：DOHC／4バルブ ＊燃料供給：電子制御マルチポイント・インジェクション ＊総排気量：5167cc ＊ボア×ストローク：85.5×75.0mm ＊最高出力：455ps／6800rpm ＊最大トルク：500.3Nm/5000rpm

【駆動系統】＊駆動方式：4WD ＊変速機：5段 ＊クラッチ：乾式単板 ＊副変速機：センターデフ ＊駆動配分：（前）25％（後）75％ ＊タイヤ：345/60VR17

【シャシー／ボディ】＊形式：チューブラーフレーム／4ドア・ピックアップ ＊乗車定員：4シーター ＊サスペンション：（前）ダブルウィッシュボーン／コイル、ダンパー（後）ダブルウィッシュボーン／コイル、ダンパー ＊ブレーキ：（前）ベンチレーテッド・ディスク（後）ドラム ＊ステアリング：ボール循環式（パワーアシスト）

【寸法／重量】＊ホイールベース：3000mm ＊トレッド：（前）1615mm（後）1615mm ＊全長×全幅×全高：4950×2040×1850mm ＊重量：3109kg

【性能】＊最高速度：205km/h

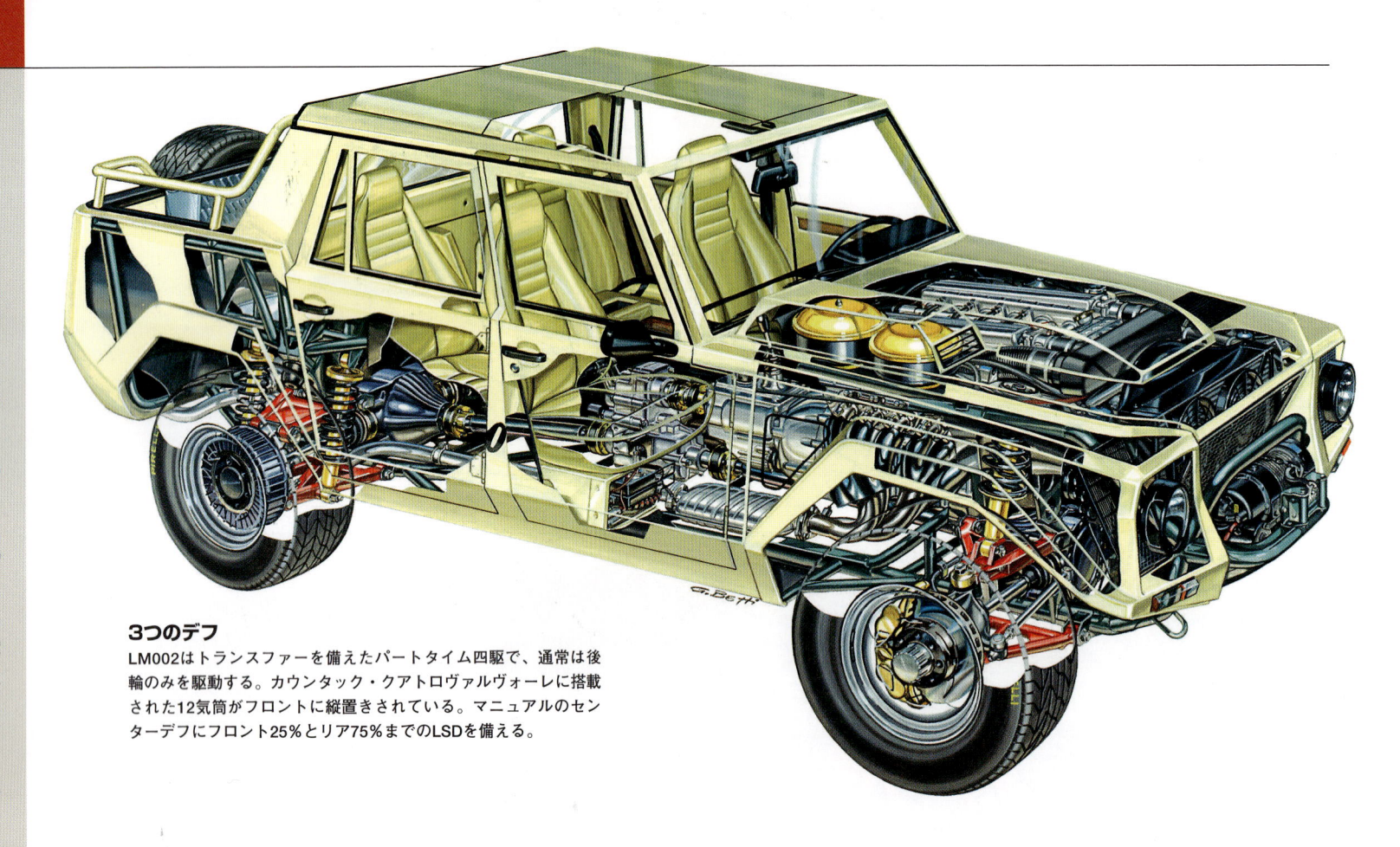

3つのデフ

LM002はトランスファーを備えたパートタイム四駆で、通常は後輪のみを駆動する。カウンタック・クアトロヴァルヴォーレに搭載された12気筒がフロントに縦置きされている。マニュアルのセンターデフにフロント25％とリア75％までのLSDを備える。

ルヴォーレに搭載されたマルチバルブを採用している。ギアボックスは5段である。特筆すべきはLM002のタイヤで、実にスペシャルな「ピレリ・スコーピオン」という、酷暑にも対応できるものが装着されている。さらに、最高速度（LM002は200km/h）まで耐えうる性能を有するのはすばらしいと言えよう。また、

LMのユーザーは、アスファルトとオフロード双方で使用できる"ミックス"か、オプションの"砂漠"仕様のどちらかを選ぶことができた。後者はアラブ諸国のランボルギーニ・ファンに人気を博した。

1990年にはアメリカでも販売を開始する。インジェクション、触媒が採用され（455ps）、クアトロルオーテのテストではこのタイプが使用された。また、この時期、並行してモディファイが行なわれていた。LM002のテール部分が大きく変更され、ステーションワゴンが誕生した。ごくわずかの選ばれたクライアントの要望に応えて、アフリカでの長く過酷なレースに対応するよう軽量化されている。

LM 002 5.2i cat インプレッション

　1990年4月号『クアトロルオーテ』の、LM002のインプレッションのタイトルは「限界超越！」。実際、スーパーパワーの巨人、ランボルギーニのオフロード・マシーンはライバルに引けを取らない。そのスタイリング（まるで装甲車）、12気筒の溢れ出んばかりのパワーは、圧倒的なパフォーマンスを発揮する。

　見方によってはオフロードでもあり、スポーツカーのようでもあり、一方で軍用車とも言えるクルマだ。エンジンは「低回転から押しが強い」と記されている。「レッドゾーンまで簡単に吹けあがる。エンスージアストにとってはエンジンの吹けあがり、その咆哮を聞くのは心地よく、感動的だ」

　0－1km加速は28.7秒をマークした。LM002は、それまでにテストされたガソリン仕様のSUVが樹立した記録をことごとく粉砕した。V12を載せたボディは3トン以上あるにもかかわらず（テスト車のパワー・ウェイト・レシオは7.4kg/ps）、追越加速もすばらしい。最高速度は200km/hを記録した。この種のクルマのブレーキのチューニングは並大抵なことではないはずだが、ランボルギーニの設計者はこの点でも見事に成功している。

　残念なことに、シフト操作に関しては評判が悪かった。「もう少し期待していたんだがなあ。操縦性はぎりぎり許容できるくらいだ。ギアが入りづらくてシンクロも弱い。クラッチは重いし、引っかかる」それでも、四輪駆動への切り替えもセンターデフのロックも、その作業は容易だ。ステアリングは悪くないが、速度があがると少し正確さに欠ける。

　燃費はどうだろう。コンスタントに60km/hで走行して5km/ℓ、道路法規（130km/h）に従って走ると3km/ℓまで落ちる。平均では2～3km/ℓと考えればいいだろう。もっとも、2200万リラ（1990年当時のLM002の価格）をポンと出せる人が、ガソリンの値段を心配す

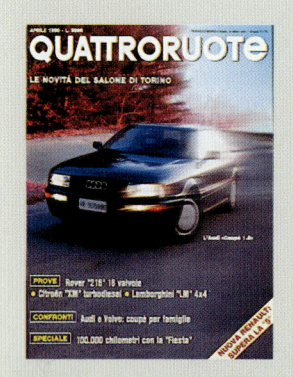

春号
LM002インプレッションは『クアトロルオーテ』1990年4月号に掲載された。販売開始から数年後のことだった。この号ではシトロエンXM、ローバー216、アウディ・クーペ（表紙写真）のテストも行なわれた。

左：LM002。アグレッシヴ。まるで行く手を妨げる障害物など、この世に存在しないかのようだ。過激なほどのパフォーマンスを見せた。

Passione Auto • Quattroruote　103

すべてアンダーコントロール

LM002はアスファルト上でも荒れた路面でも、確実に、かつすばらしい走りを見せる。コーナーの出口でも充分にコントロール可能。ステアリングはハイスピード時に少し正確さを欠くものの、おおむね良くできているといえる。ブレーキは前がベンチレーテッド・ディスク、後ろはドラム。停止までの距離は少々長い。

るとは思えないが。

　路上での挙動はすばらしいのひとことに尽きる。「ほかのモデルとの違いは、LM002は重心の高さ、どれほど大径のタイアを履いているかということを感じさせない点だ。緊急時の軌道修正も簡単で、コントロール不能に陥ることがない」　それでも巨大"ランボ"は、やはり砂漠でこそ、その本領を発揮できるのではあるが……。

PERFORMANCES

最高速度	km/h	0－140	14.5	70－120	20.0	140	108.0
	199.931	0－160	20.8	70－140	29.1	燃費 (5速コンスタント)	
発進加速		0－180	30.8	70－150	33.7	速度 (km/h)	km/ℓ
速度 (km/h)	時間 (秒)	停止－400m	15.4	制動力		60	5.3
0－40	2.1	停止－1km	28.7	初速 (km/h)	制動距離 (m)	80	4.6
0－60	3.3	追越加速 (5速使用時)		60	19.8	100	3.9
0－80	5.3	速度 (km/h)	時間 (秒)	80	35.3	120	3.2
0－100	7.5	70－80	3.3	100	55.1	140	2.7
0－120	10.7	70－100	10.9	120	79.4	180	1.9

砂漠の女王
LM002の登坂能力は120％を超えるが、狭いくねくねした林道や切り立った深い溝のオフロードより、よりフラットな広い場所で本領を発揮する。

カウンタックS 1978〜1985

カウンタックSのストーリーを、当時のランボルギーニ社の状況と切り離して語ることはできない。

　1978年、「ランボルギーニ・アウトモービリS.p.A.」は、フェルッチオから譲り受けたふたりのスイス人によって経営されていた。会社は多くの負債を抱えていたが、生産されていたのはカウンタックのみだった。カウンタックは、そのスタイルと性能で世界的に崇拝され、ランボルギーニ社の命運を握っていた。だからこそ、アグレッシヴという同じテーマのもとに、さらに過激なクルマになる必要があった。

　プロジェクトはジャン・パオロ・ダラーラに託された。彼はこの時期、カナダの石油王でF1チームのオーナーでもあったウォルター・ウルフのために、3台のカウンタックを製作したのだが、エクステリアとメカニズムの双方に大幅な改良を加えた3台のうちの1台(これももちろんウルフが購入したのだが)を、1978年のジュネーヴ・ショーに運ぶことになった。

　LP400Sと名づけられたそれには、ミウラで使われたギザギザの"S"のエンブレムが装着されている。特に、リアはカナダ人オーナーの強い望みどおり、スポイラーが外されたためにソフトな印象を与える。ちなみに、このスポイラーは性能向上に有効とはいえなかったため、生産モデルに装着されることはなかったのだが、その後、ディーラーの強い要望によってオプション・リスト入りをした。

ウェッジ・シェイプ
低いフロントノーズ、切り落とされたハイデッキなリア。カウンタックSのラインは少し鈍重になったが、これはリアのスポイラー(106ページのLP500に見られる)によるところが大きい。スポーティでスパルタンな室内には、ギアボックスの収納された大きなセンタートンネルが見られる(上)。

テクニカルデータ
カウンタック LP400（1978）

【エンジン】 ＊形式：60度V型12気筒／ミドシップ縦置き ＊タイミングシステム：DOHC／2バルブ ＊燃料供給：ウェバー／40DCOE ツインチョーク・キャブレター 6基 ＊総排気量：3929cc ＊ボア×ストローク：82.0×62.0mm ＊最高出力：345ps／8000rpm ＊最大トルク：361Nm／5500rpm ＊圧縮比：10.5:1

【駆動系統】 ＊駆動方式：RWD ＊変速機：5段 ＊クラッチ：乾式単板 LSD ＊タイア：（前）205/50VR15 （後）345/35VR15

【シャシー／ボディ】 ＊形式：チューブラーフレーム／2ドアクーペ ＊乗車定員：2名 ＊サスペンション：（前）ダブルウィッシュボーン／コイル, ダンパー スタビライザー （後）ダブルウィッシュボーン／コイル, ダンパー スタビライザー ＊ブレーキ：ベンチレーテッド・ディスク ＊ステアリング：ラック・ピニオン

【寸法／重量】 ＊ホイールベース：2450mm ＊トレッド：（前）1492mm（後）1606mm ＊全長×全幅×全高：4140×2000×1070mm ＊重量：1460kg

【性能】 ＊最高速度：275km/h ＊発進加速（0-100km/h）：5.9秒

オリジナル

ギアボックスがコクピットに侵入。駆動を伝えるドライブシャフトはエンジンの下を通る。ラジエターはエンジンの横。

下：LP400Sのエンジン。

109ページ上：リトラクタブル式ヘッドライトとターンシグナルのディテール。

109ページ下：モナコ・グランプリで前座を務めたLP500S。

5ℓ、400psという凄まじいエンジンを積んだこのウルフ（この時期、彼はランボルギーニ社を購入する一歩手前までいった）・バージョンに施されたモディファイが、生産モデルにも活かされている。大径タイアはピレリP7でリアサイズは345/35VR15、このタイアの採用によってホイールアーチがワイドになり、また5穴タイプのホイールが組み合わされた。フロントスポイラーは特大サイズである。

よりマッチョになり、重くなったぶん、カウンタックSの最高速度や加速性能はやや低下したものの、ハンドリングは向上した。これはリアサスペンションが改善されたためだろう。

ユニークなデザインのクルマを所有する喜び、だが前モデルに性能面で劣るという、このプラスマイナスの相反する面で揺れるクライアントを満足させるために、生産開始から5年後、「5000」と名づけられた新バージョンを送りだす。テールに"5000"と記されたこのクルマは、カンパニョーロに代わってOZ製のホイールが採用されており、同じデザインながら素材もマグネシウムからアルミに変わることになった。エンジンは排気量が4754ccにまで拡大され、出力も375psに向上し、最高速度は300km/hに達した。性能面でもトーロを世界のトップに立たせたのである。

テクニカルデータ
カウンタック LP500S（1983）

＊LP400Sと下記の諸元が異なる
【エンジン】＊燃料供給：ウェバー／45DCOE ツインチョーク・キャブレター 6基　＊総排気量：4754cc　＊ボア×ストローク：85.5×69.0mm　＊最高出力：375ps／7000rpm　＊最大トルク：440Nm／5000rpm　＊圧縮比：9.2：1
【寸法／重量】＊トレッド：(前) 1532mm　＊重量：1490kg
【性能】＊最高速度：300km/h　＊発進加速（0－100km/h）：5.2秒

Passione Auto • Quattroruote 109

カウンタック LP400 S インプレッション

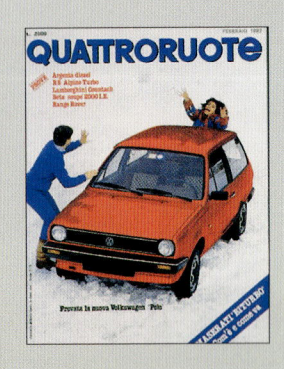

80年代初頭

カウンタックLP400Sのテストは『クアトロルオーテ』1982年2月号に掲載された。次のモデル、LP500Sが登場したのは、テストから数ヵ月後だ。表紙はVWポロ、新鮮なデビューを飾ったクルマで、スモールカーの流行の先駆けである。ランボルギーニ以外にはランドローバー・レンジローバー、ルノー5アルピーヌ・ターボ、フィアット・アルジェンタ2500ディーゼル、ランチア・ベータ2000i.e.クーペがテストされている。

1982年2月号でカウンタックSをテストしたF1ドライバー、カルロス・ロイテマンは、速くて、それでいて寛げるGTを好んだ。たとえばBMW635CSi、あるいはポルシェ928といったクルマがそうである。「レース以外では快適にドライブするのが好きなんだ。もちろんこのクルマみたいなGTだけが、サーキットの高揚を味わわせてくれるっていう熱狂的な気持ちもわかるよ」

"過激"というこのクルマのキャラクターはインテリアにも反映されている。「シングルシーターみたいな室内だな。低い車体とガルウィングのスタイルのせいだと思うけど。でもいったんシートに座るとシングルシーターより快適だね」

快適な操縦性は、ミドエンジンのスポーツカーに期待する以上のものを持っている。唯一、サスペンションが不得意とするのは荒れた路面だ。

インテリアの作りはハンドクラフトの雰囲気を有し、モダーンな感じやハイクラスのドイツ車が持っているような完璧さはない。しかし、あらゆるディテールにレースのスピリットが漂い、イタリアン・スポーツカーの見本といえそうだ。

ランボルギーニのV12は大馬力の"古いタイプ"で、押しが強い。「4500rpmを超えると暴力的、でもスポーツカーを愛する人は喜ぶと思う。いずれにしてもカウンタックSは悪くない。トルクも太く、混んだ道でもちゃんと走ってくれるよ」

ダイナミックなテストだった。モンツァのアウトドーロモを走り、限界を試した。速いが、決して速すぎるということはない。この2シーターの挙動は独特で、レスポンスがクイックだ。しかし、予測できない面も多いために、テストには細心の注意が払われた。コーナーではアンダーステアが顕著なのだが、出口では急にオーバーステアに変わり、これにはちょっと驚かされた。すぐにカウンターを当て、"鎖の切れた"パワーをコントロールしなければならなかった。シフトゲートはレーシングマシーンそのもので、癖を知って慣れておく必要がある。ステアリングはクイックで正確、扱いも難しくはない。リアの視界は悪い。それにもかかわらず、ロイテマンは充分に満足した。

「ほとんどF1マシーンだよ。コントロールするには、ある程度のドライビング・テクニックが必要だね。でも、とても魅力的なキャラクターを持ったクルマであることは間違いないよ」

数値なしのテスト
カウンタックSのテストで機器を用いる計測は行なわれなかった。そのかわりにスペシャルなテストドライバーが招聘された。F1ドライバーのカルロス・ロイテマンである。

アトン 1980

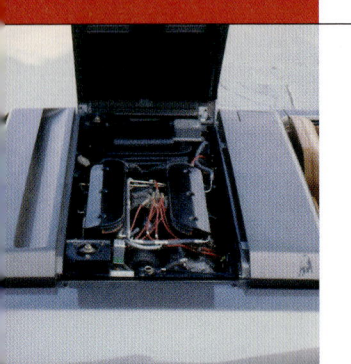

　1980年に行なわれた地元のモーターショー、トリノ・ショーで、ベルトーネが注目を集めた。シルエット・ベースのプロトタイプが観客の視線を釘づけにしたのだ。

　アトンという車名の由来は古代エジプト、"太陽の神"を意味する。スパイダー・モデルのそのクルマのラインは未来的で、ベルトーネのデザイナーの才能を内外に再認識させた。

　すでに幸福な時代に別れを告げていたサンタガータにとって、新しいランニング・プロトタイプのプレゼンテーションは、活力であり、将来への希望だった。実際、ミウラやカウンタックのように、モーターショー後、生産モデルとなるプロトタイプを見慣れている者には、アトンがショーだけで終わるとは思えなかった。しかし、今度ばかりは、そのセオリーは当て嵌まらないようだった。財政的な問題が、新しい生産ラインの立ち上げにストップをかけたのである。また、たとえ面白味に溢れたデザインだったとしても、アトンはあまりに異色で過激なクルマだったことも一因だろう。人をあっと言わせることにかけては、どのメーカーにも引けを取らないランボルギーニにとってさえも、製品化に導くのは難しいことだった。

　ベルトーネが手掛けたこのスパイダーは、フロントセクションに代表される、直線基調の非常にすっきりとしたラインを持つクルマだが、リアは複雑な形状で、過剰な印象を与える。サイドが非常に高いのは、おそらく、幌がなくても守られているという感覚をパセンジャーに与えるためだろう、バスタブのような深い見切りのラインを持つ。しかし、サイドシルは取ってつけたような印象が拭えない。また、スクエアなホイールアーチが印象的で、さらにサイドまで回りこんだ広いフロントウィンドーが特徴的デザインのひとつとなっている。長く細いマスクと、リアタイアの後ろ側ですぱっと切り落とされたコーダ・

メカニズム
シルエット同様、アトンのV8は横置きにミドシップされた（上）。エンジン・コンパートメントとコクピットの間には荷物置き場が用意される。

トロンカは、アトンのウェッジ・シェイプを強調する。

スモーク・グレー・メタリックにペイントされたボディは宇宙を想起させ、ゴールドのホイールとナチュラル・カラーのシートが、この宇宙のイメージをさらに増幅させる。大手自動車電子部品メーカーのヴェリア・ボルペッティがベルトーネの依頼で製作した計器類も、この雰囲気を後押しした。

ステアリングホイール周辺にはデジタル・グラフィカル・ディスプレイ、オンボード・コンピューターなどが備えられている。シフトレバーは"ナイフ"型で面白いが、見た目はともかくとして、使い勝手が悪い。

1980年7月にクアトロルオーテ誌が行なったブリーフテストで、アトンはミドシップGTの走行安定性を持った、紛れもないスポーツカーであることを証明してみせた。これに反して、室内は「不秩序のかたまり」だったようだ。その原因は、インストルメントパネルの特殊なレイアウトにあるのだろうが、フロントウィンドーがかなり傾斜しているために、わずかに歪んで見えることも災いしているのだろう。いずれにしても、アトンのプロジェクトは興味深いもので、次のモデルにヒントを与えた。

未来へステップ
1本スポークのステアリングホイールとインストルメントパネル。デジタル・グラフィカル・ディスプレイがこのインストルメントパネルの特徴（上）。フロントガラスがかなり傾斜しているために（左と下）、計器の文字や数字がゆがんで見えるという問題を抱えていた。

ジャルパ 1981〜1988

　1981年のジュネーヴ・ショーで、ジャルパはランボルギーニの最後のV8モデルとして登場した。ウラッコからシルエットが引き継いだ、10年以上のキャリアを持つサンタガータの"ジュニア"が、そのデザイン、技術のノウハウを還元する時がきたのだ。

　ジャルパの使命は、シルエットの進化を別の形で具現化することにあった。そして、スイスで発表されたオレンジとゴールド・メタリックの中間カラーにペイントされたプロトタイプは、事実その役割を果たしていた。

　タルガトップ、2シーター、ワイドタイア、エアロダイナミクス、リアのウィングなどの特徴を備えるこのクルマに与えられた使命は、マーケットにこういう中級モデルのランボルギーニが必要とされているかどうかを見極めることだった。結果は良好だった。カウンタックS同様、まだ一般的ではなかったスポイラ

よりソフトに

1982年のジャルパ（右）のデザインは艶消しの黒が多用され、よりソフトになった。シリーズⅡ（115ページ）では、Bピラー後方のエアインテークなどがボディカラーと同色に変更されている。上は81年のジュネーヴ・ショーに登場したプロトタイプ。（ほかの写真同様）採石場にて撮影したベルトーネ・デザイン・センターの広報写真である。

隠れたグリル
ジャルパ・シリーズⅡ。バンパー下のグリルには横長のドライビングランプが見える。

テクニカルデータ
ジャルパ（1982）
【エンジン】＊形式：90度V型8気筒／ミドシップ横置き ＊タイミングシステム：DOHC／2バルブ ＊燃料供給：ウェバー／42DCNF ツインチョーク・キャブレター 4基 ＊総排気量：3485cc ＊ボア×ストローク：86.0×75.0mm ＊最高出力：225ps／7000rpm ＊最大トルク：314Nm／3500rpm ＊圧縮比：9.2：1
【駆動系統】＊駆動方式：RWD ＊変速機：5段 ＊クラッチ：乾式単板 ＊タイア：（前）205/55VR16 （後）225/50VR16
【シャシー／ボディ】＊形式：モノコック／2ドア・クーペ（タルガトップ） ＊乗車定員：2名 ＊サスペンション：（前）マクファーソン・ストラット／コイル，ダンパー スタビライザー （後）マクファーソン・ストラット／コイル，ダンパー スタビライザー ＊ブレーキ：ベンチレーテッド・ディスク ＊ステアリング：ラック・ピニオン
【寸法／重量】＊ホイールベース：2451mm ＊トレッド：（前）1500mm （後）1554mm ＊全長×全幅×全高：4330×1880×1140mm ＊重量：1510kg
【性能】＊最高速度：234km/h ＊発進加速（0－100km/h）：6.0秒

ーを別にすれば、この新しいV8を悩ませるものはなかった。

1982年の最終生産型には250ps／7500rpmの3ℓではなく、255ps／7000rpmの3.5ℓエンジンが搭載されることになった。出力は向上しており、その発生回転数は下げられている。

フロントには新しくグリルが装着されたものの、艶消しの黒のバンパーやBピラー後方のエアインテーク、テールライトなどの外見について、ジャルパはシルエットと細かな点で共通項が見られる。一方で異なるのはアルミの美しい16インチ・ホイールである。これはベルトーネのアトンから受け継いだものだ。タイアにはピレリP7が選ばれた。乗り心地よりも走りを優先したハイパフォーマンスカーの必需品だ。

室内は狭い。インストルメントパネルの形状が変わり、わずかにドライバーの方に向いている。そこに収められるメーターは7つを数える。シフトレバーはいつもながら魅力的だ。シートは、ロングドライブには不向きだが、サイドにしっかりとしたサポートがついており、スポーツ・ドライビングには適している。シート後方には外したメタル・ルーフや小さ

めのカバンを置くスペースが用意されているが、ここ以外にも、エンジンのすぐ後ろ、クルマの最後部にちょっとしたスペースが設けてある。

2年後の1984年、ジュネーヴでジャルパ・シリーズⅡが披露された。変更点はわずかで、黒かったパーツの一部がボディカラーと同色になったほか、テールライトがツイン・タイプになり、ステアリングホイール径が大きくなった。エアコン、パワーウィンドーが標準装備となったが、ABSについては再び見送られた。これは"一般車"に必要な装備であって、公道よりサーキットを走る機会が多いクルマには不要だと判断されたためだろう。

ジャルパの生産は1988年まで続けられ、総生産台数は421台だった。

オールド・スタイルのスポーツカー

ジャルパ（ランボルギーニから借り出した右ハンドル仕様）のテストは『クアトロルオーテ』1987年1月号に掲載された。テスターはイヴァン・カペリである。その後、F1で走ることになるドライバーは、モンツァで数周のウォーミングアップを終えるとテストを開始する。ときにはスペクタクルなスピンを見せた。彼のジャルパの感想は「オールド・スタイルのスポーツカー」というものだった。エンジンについても、「あればもっと安定する」インジェクションが採用されていないことに言及、それもオールド・スタイルだと指摘した。

注意深くドライブする必要のあるGTという彼は、「ブレーキとステアリングは慎重に操作したほうがいい。ブレーキは限界でロックする傾向があるし、ステアリングは正確さに欠ける」と評価する。つまり、「真のスポーツカーってことだろうね……。経験豊かなドライバーでないとこのクルマを楽しむのは難しいかもしれないな」。

サーキットにて
公道よりサーキットのほうが向いていたのだろう。ジャルパはミドシップエンジンの典型的な挙動のため、スペシャル・テストドライバー、イヴァン・カペリの手を少々わずらわせた。限界に達すると突然に豹変する。上は1984年のマイナーチェンジを受けたジャルパ・シリーズⅡ。テールライトが変更された。116ページ左の写真は82年のジャルパのインテリア。右はモンツァでテストした右ハンドル仕様ジャルパ・シリーズⅡのインテリア。

カウンタック・クアトロヴァルヴォーレ 1985〜1988

連結
クアトロヴァルヴォーレの最初のバージョンはLP500Sとほぼ同じ外観。1988年のモデル（写真）ではリアブレーキ用のエアインテークがボディサイド、前後のホイールアーチ間に見られる。

　ミウラ時代の終わりごろからだろう、スポーツカー・エンスージアストたちにとって、ランボルギーニは世界一速いクルマを造るメーカーであり、トーロの哲学はクライアントの誇りとなった。だからこそ、ハイパフォーマンスカーの基準となったモデル、カウンタックの進化には非常に高いレベルを要求した。

　1984年、"宿敵"であるフェラーリが、カウンタックのライバルだったBBに代わるニューモデル、テスタロッサを生み出したとき、ランボルギーニでは、最高速度を引き上げ、パワーや加速性能もライバルの手の届かないところまで持っていこうとする努力が続けられていた。

　パワーユニットの改良は、インテークマニホールドが再設計され、1気筒につき新たに2バルブ追加された。ボアは据え置かれたが、ストロークについては69.0mmから75.0mmに伸長された。こうして5167cc（455ps）に拡大したエンジンが誕生する。公道用のクルマのパワーとしてはまさにモンスター級で、マ

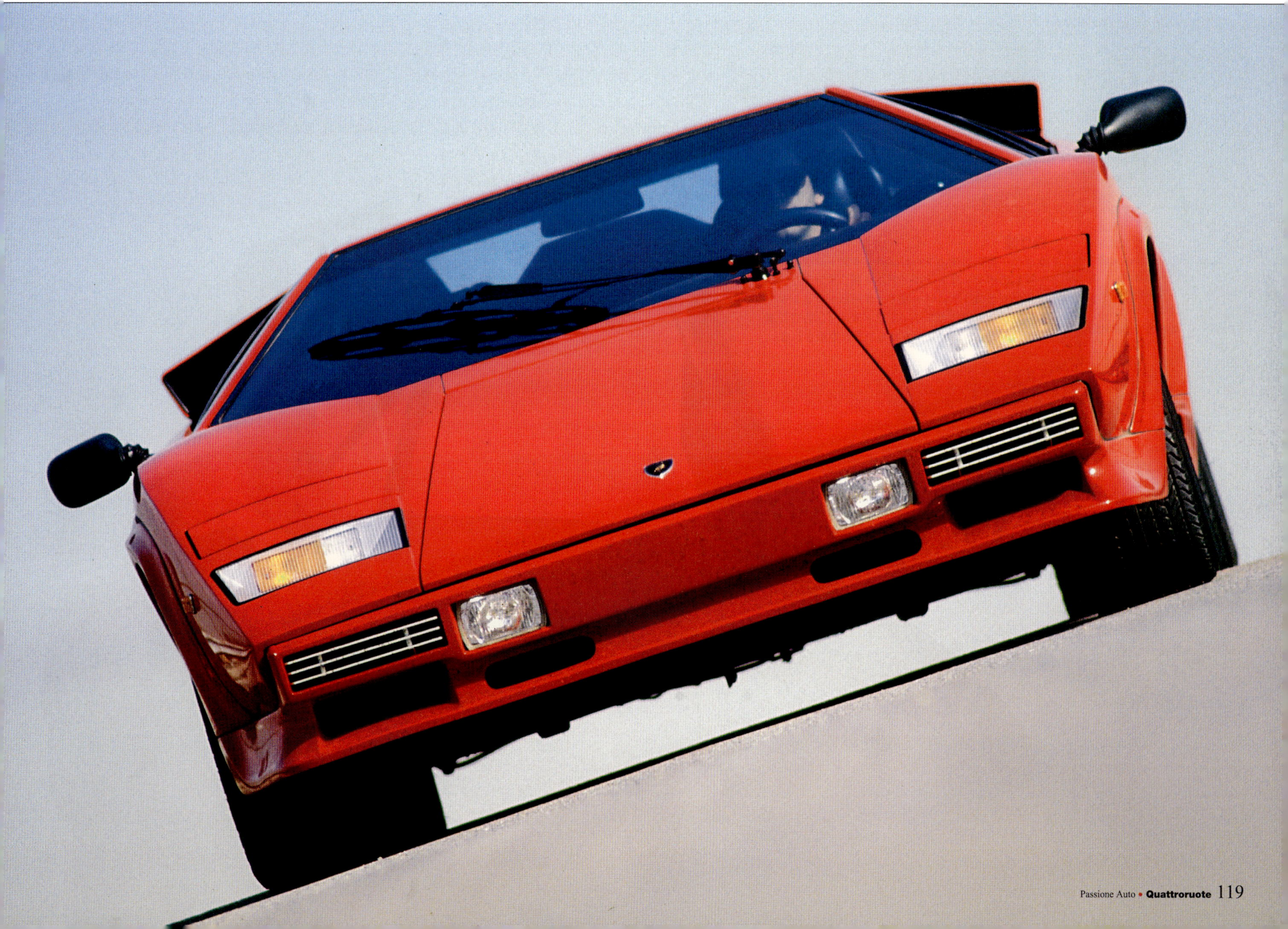

テクニカルデータ
カウンタック クアトロヴァルヴォーレ（1988）

【エンジン】＊形式：60度V型12気筒／ミドシップ縦置き ＊タイミングシステム：DOHC／4バルブ ＊燃料供給：ウェバー／44DCNF ツインチョーク・キャブレター 6基 ＊総排気量：5167cc ＊ボア×ストローク：85.5×75.0mm ＊最高出力：455ps／7000rpm ＊最大トルク：500.3Nm／5200rpm ＊圧縮比：9.5：1
【駆動系統】＊駆動方式：RWD ＊変速機：5段 ＊クラッチ：乾式単板 LSD ＊タイア：（前）225／50VR15 （後）345／35VR15
【シャシー／ボディ】＊形式：チューブラーフレーム／2ドア・クーペ ＊乗車定員：2名 ＊サスペンション：（前）ダブルウィッシュボーン／コイル，ダンパー スタビライザー （後）ダブルウィッシュボーン／コイル，ダンパー スタビライザー ＊ブレーキ：ベンチレーテッド・ディスク ＊ステアリング：ラック・ピニオン
【寸法／重量】＊ホイールベース：2500mm ＊トレッド：（前）1536mm （後）1606mm ＊全長×全幅×全高：4140×2000×1070mm ＊重量：1490kg
【性能】＊最高速度：295km/h ＊発進加速（0－100km/h）：5.8秒

ラネロの頂点に君臨するフェラーリ288GTOより10％も上回った。エアロダイナミクスに問題があったせいか、300km/hの壁を超えることはできなかったが、いずれにせよクアトロヴァルヴォーレはこの数字にかなり近づいた。

捻り技
ケブラー製の前後のフード以外、クアトロヴァルヴォーレのボディはオール・アルミ製。インテリアパネルはグラスファイバー製で、オーバーフェンダーも同素材。ドアはガルウィング・タイプ。カウンタックに乗り込むには身体を捻ることが要求される。

前モデル、LP500Sと比べても、2台の違いはかなり注意深く観察して、ようやくわかる程度である。たとえば、縦に置かれたツインバレルのキャブレターをカバーするように設置された、リアフード中央に刻まれた薄い切り込みのような口などである。もちろん最初の一瞥ですぐにわかるものもあって、1988年のクアトロヴァルヴォーレにはサイドスカートが装着されているし、ボディサイドの前後ホイールアーチの間にはリアブレーキを冷却

するエアインテークが見受けられる。

　過剰だという声もあったが、大多数のクライアントに好評だったのはリアのウィングだ。彼らは大きな、あまり役に立たないこのウィングを求めたのだ。その値段はクルマの値段（1億90万リラ）の4％に相当したにもかかわらず、である。

　すべてはエンスージアズムのなせる業だった。年齢も身長もドライビングテクニックも、何も関係ない。ただ夢を実現したい、それだけのために彼らはこのクルマを求めたのだ。リズ（エリザベス）・テーラーもそのひとりだった。免許を持っていないにもかかわらず、彼女は購入したのだ。その後、彼女は免許を取ろうと決める。54歳の時だった。

余分？
クアトロヴァルヴォーレには豪華なレザーが採用されているが、ABSとパワーステアリングは装備されない。エアコンは標準。

カウンタック・クアトロヴァルヴォーレ インプレッション

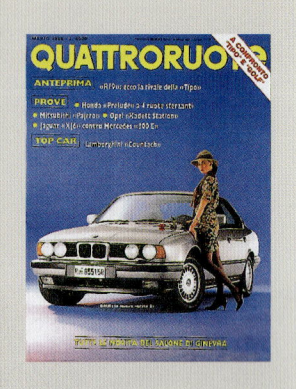

**一冊丸ごと
モーターショー**

『クアトロルオーテ』1988年
3月号はジュネーヴ・ショー
の事前情報一色。

　宿敵、フェラーリ・テスタロッサを打倒するために設計されたカウンタック・クアトロヴァルヴォーレより、パワーとトルクに勝るクルマを見つけるのは困難だ。

　このすばらしいランボルギーニのテストが掲載されたのは、『クアトロルオーテ』1988年3月号だったが、ジャーナリストもテストドライバーもこのクルマに魅せられた。なにより、このクルマが与える独特な情感は、シートに腰掛け、ステアリングを握った者でなければわからない。エンジンはマルチバルブとなったが、燃料を供給するのは"旧式"のキャブレターだ（すでに普通のクラスのクルマにもインジェクションが普及しはじめていた）。低回転では静かに回るが、いったん加速すると文字どおりパワーが"炸裂"する。まるでレーシングカーで味わえる醍醐味だ。「パワフル、非常にパワフル。ガソリンが行きわたると、タイアが煙を吐きながらスタートする。その状況でクルマをまっすぐに保つのは至難の技だ。クルマが前に飛び出す。シートに押さえつけられて息が苦しい。時速200kmを超えた」記事は臨場感に溢れている。

　このような恐るべきパワーを発するにもかかわらず、テストでは300km/hに到達することはできなかった。おそらくエアロダイナミクスに問題があるのだろう。しかし、たとえ300km/hに達しなくとも、ランボルギーニの12気筒は充分に楽しむことができる。

　エンジンの柔軟性についても計測結果が納得できる数値を示しているが、このエンジンは低速でも文句なく楽しい。ステアリングは1970年代の名残を感じさせるもので、パワーステアリングがないところからして公道よりもサーキット向きといえる。快適性についても同じことがいえるが、クライアントが文句を言うのをついぞ聞いたことがない。燃費も同じで、ほかのスーパー・スポーツ同様、5km/ℓ以下だが、このタイプのクルマでは普通のレベルといえるだろう。むしろ、ユーザーは"真剣に運転する"クルマという心構えを持つべきだ。「緊急時のハンドリング、もしくは予期できないブレーキングは極めて難しく、F1チャンピオン並みの腕と精神力を必要とする。しかしおそらく、そういう性格こそ、サンタガータの"猛獣"が多くの熱狂的なファンを獲得したゆえんだろう」

PERFORMANCES

最高速度	km/h
	290.542

発進加速

速度 (km/h)	時間 (秒)
0—60	3.1
0—80	4.0
0—100	5.8
0—120	7.2
0—140	9.6
0—160	11.6
0—180	14.0
0—200	18.0
停止—400m	13.6
停止—1km	24.1

追越加速(5速使用時)

速度 (km/h)	時間 (秒)
70—80	1.8
70—100	5.8
70—120	9.3
70—140	12.9
70—160	16.6
70—180	20.1
70—200	23.9

制動力

初速 (km/h)	制動距離 (m)
80	26.1
100	40.8
120	58.7
140	80.0
160	104.4
180	132.2

燃費(5速コンスタント)

速度 (km/h)	km/ℓ
90	6.7
100	6.3
120	5.8
140	5.4
160	5.0
180	4.6
200	4.2

当ててみる

後ろから見たとき、クアトロヴァルヴォーレだとわかるのは、記された車名と、6基のキャブレターを収納するパワーバルジだ。これによって後方の視界はます ます悪くなった。

Passione Auto • Quattroruote 123

ジェネシス 1988

デザイン
ジェネシスのステアリングホイールはシングルスポーク（アトンに採用されたもの）。シートのヘッドレスト形状も興味深い。

　ランボルギーニとベルトーネのコラボレーションが自動車史に大きく貢献したのは、疑いようのない事実だ。ミウラ、エスパーダ、カウンタックを手掛けたマルチェロ・ガンディーニの創造性と、オリジナリティに富んだ高品質で高い技術を持った製品を追求するエミリア・ロマーニャ地方のコンストラクターの情熱がうまく組み合わさり、類稀なるハイパフォーマンスカーを生み出した。この力は経済危機をも乗り越えさせた。したがって、マルツァル、ブラーヴォ、アトンのようなプロトタイプののちに、グルリアスコのアトリエで、これまでとはまったく異なる新しいコンセプトをもったプロトタイプが生まれたと聞いても、ことさら驚きはしなかった。

　ジェネシスは、1988年のトリノ・ショーでベルトーネのスタンドに飾られた、炎のような赤にペイントされたランボルギーニである。幻惑されるようなデザインと、多用されたガラスが与える強いインパクトが、観衆の目を惹きつけた。しかし、このクルマはGTではなかった。エンジンこそランボルギーニの12気筒を採用したが、ベルトーネ自製のシャシーの、なんとこれはスペースワゴンだったのである。つまり、モノスペースだ。全長は標準的な4.5mで、マルチユースながらエレガントで高性能、高い居住性を備える。手掛けたのはベルトーネ・デザイン・センターのチーフ、マルク・デシャンプで、製作時間は3万時間を超えた。

Quattroruote • Passione Auto

楕円形のラインがくっきりとした印象を与える。室内にはゆったりとしたスペースがある。特に、高さにゆとりがあるが、これは独特なフロントのせいで、パワーユニットが居住空間、フロントシートの足の下まで侵入しているからだ。ドアの開き方も独特、未来的だ。フロントシートへは、上方向に開く2枚のドアのおかげで、余裕をもって入ることが可能だ。リアも同様で、スライド式のドアによって窮屈な思いをせずにアクセスできる。

室内はスペースを最大限有効に使えるよう工夫され、5シーターとなっている。ドライバーの横のシートは180度回転し、5人目の乗客がいないときはリアの中央部分がテーブルとなる。ちなみに、このテーブルは取り外しが可能である。インストルメントパネルにはアナログとデジタルの計器類が並列している。センターコンソールにはクライスラー製トルク・フライト3段変速オートマチック・トランスミッションのシフトレバーが配置される。エンジンは4ℓのランボルギーニ製だが、1800kgという車重のために、動力性能はGTより劣る。

新しいオーナーであるクライスラーは、この"メイド・イン・イタリー"をラインナップに加えてバリエーションを豊かにすることには興味がなかったようで、ジェネシスはすばらしいデザイン・スタディに留まった。

ガラスだらけ
ガラスが多用されたことで（ルーフを含めた車体上部の大半）、未来的なテイストを強調しているが（左はサンタガータで撮影されたもの）、いくつかのデザイン手法は実現可能な興味深い提案だ。たとえばサイドから見るとわかるとおり（上）、エンジンは室内に入りこんでいる。

カウンタック "アニヴァーサリー" 1988〜1990

最終版

通常のマイナーチェンジというより、記念モデルであることを意識しながら手を加えることで"アニヴァーサリー"は誕生した。新しいデザインのスポイラー・バンパー・ブロックに小さなライトが組みこまれた。フェイスはマッチョでコンパクト。リアエンドにも同じことが言え、ボディ同色になったテールライト周りのガーニッシュと新しくなったエンジンフード形状が、リアを引き締めている。リアクォーターにはエアダクトが見える。

1988年、ランボルギーニには3つの重要な出来事があった。

ひとつめはクライスラーによる突然の買収、ふたつめはランボルギーニ社創業25周年、そして最後が、カウンタックが"年齢の限界"を迎えたことである。この3つのうち、最も重要だったのは、カウンタックが世代交代の必要な年になっていたことだ。加えて、デトロイトのクライスラーとサンタガータのランボルギーニのような、生産方法も考え方もまったく異なる二社が融合するには、この年を記念するにふさわしいニューモデルが必要でもあった。こうして、デザイナーと技術スタッフの協力のもと、カウンタックが若返りを図ることになったのである。

1988年9月8日、サルソマッジョーレ・テルメでカウンタックの記念モデルが披露された。世界最速車の最終形態である。前回のマイナーチェンジとは異なり、周囲を驚かせるような大胆な変更が見られないのは、このクルマが記念バージョンであるためだろう。

このアニヴァーサリー・モデルでは、カウンタックのエクステリアに完全な見直しが図られている。フロントフェイスには、フロントブレーキ用サブ・エアインテークが備わり、ボディカラー同色バンパーが装着されたが、これはアメリカの法令にも適合するタイプだった。テールライトも"アメリカ仕様"で、

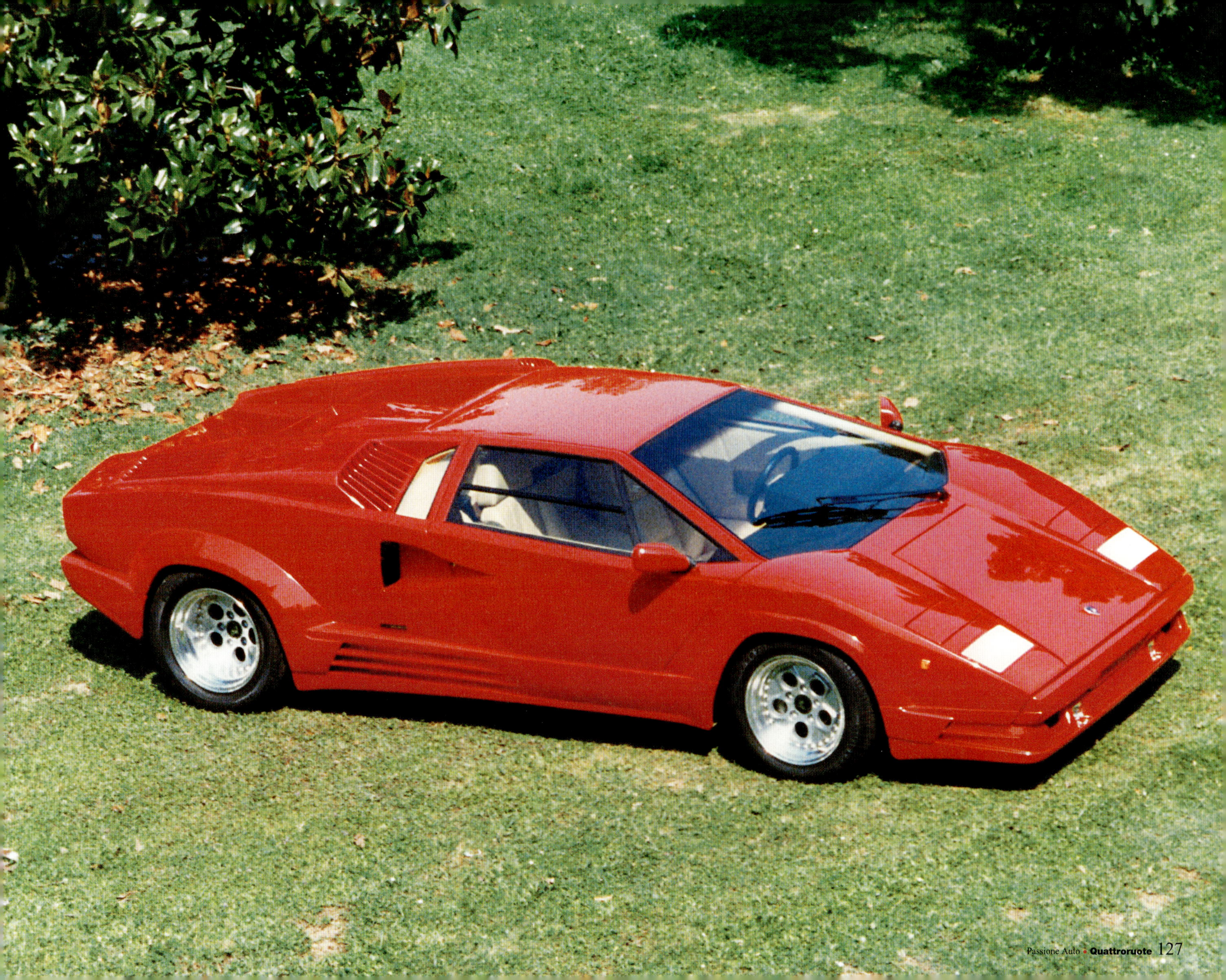

一般化

決して極端な方向には向かわなかったが、アニヴァーサリーはスーパーカーというイメージの保持に成功している。

左より：
- 電動シートにより調節可能な幅が広がった。
- アニヴァーサリーのシンボルマーク、月桂樹の中心に"25"がデザインされたセールス・カタログ。
- 冷却用フィン。
- 小さなトランク。
- 美しいOZ製の別体ステンレスリムのアルミホイール。

こちらにも新しいバンパーが見える。エンジンフードと、電動式となったサイドウィンドー後方のエアインテークはニューデザインとなる。実に美しいホイールは、別体ステンレスリムのOZ製だ。

　エレガントなアニヴァーサリーは出力も排気量も変わらなかったが、派手さだけを求めることのない、新しいクライアントを獲得した。この新しい顧客の存在によって、生産販売台数は2年で650台を記録した。しかし、すべてが旧式になりつつあったこのクルマの時代は終わりを告げていた。

クラシック
カウンタックの最終進化版にも"いつもながらの"ランボルギーニ製V12が搭載された。アメリカ向けモデルにはボッシュ製KEジェトロニック・インジェクションが採用されている。

トータル・エボリューション

　開発コード、ティーポ132──サンタガータのみならず、誰もがカウンタックの後継を待ち望むあいだに、1台のプロトタイプが登場した。「エボリューション」と呼ばれたこのモデルは、将来的にランボルギーニの製品化を予感させるものだった。
　ボディはグレーにペイントされているが、エンジンフード、スポイラー、オーバーフェンダー、ホイールまで、すべてケブラーの地肌の黒である。ボディはこのケブラーとカーボンファイバーで製作されたハニカム構造を持ち、これがすでに15年を経過したチューブラーフレーム・シャシーに取って替わるものとして開発された。これらの素材を使うことにより、約300kgの軽量化を果たし、同時に剛性は増した。最高出力は約455psを発揮した。

Passione Auto • Quattroruote 129

ディアブロ 1990〜1999

**完璧な
ウェッジ・シェイプ**
ディアブロのパワートレーンはすべて後ろに。リアはマッチョだが、フロントは華奢、コクピットはぐっと前寄り。特徴はサイドのウィンドーで、フロント・ホイールアーチへと傾斜している。

　1990年1月21日、モナコにて『LAMBORGHINI DAY』が開催され、公道がサーキットに変貌した。一年に一度、フェルッチオのクルマはモナコGPの前座を走ったが、これはF1グランプリで最も人気のあるアトラクションだった。さてこの日、それまで見たこともない1台の新しいトーロGTの姿があった。世の中の浮き沈みに苦しみながら、2年という開発期間を経て、カウンタックの後継車がコートダジュールの小さな王国で待つ多くのクライアント、ファンの前に姿を現わしたのである。

　ディアブロ（有名な闘牛士"El Chicorro"／コリーダの伝説からとった名前）という名前が、このクルマのキャラクターを表わしている。たとえ、ミウラやカウンタックの持っていたアグレッシヴで、ややもすれば極端なほどに押しの強い"メイド・イン・サンタガータ"のキャラクターは抑えられていたとしても、ディアブロは紛れもなくランボルギーニであり、そこにはデザインも含めて安全性や環境性能に配慮したあとがみられる。

このコンパクトなスタイリングを手掛けたのは、すでにベルトーネを離れ、フリーランスとなっていたマルチェロ・ガンディーニである。技術的にみれば、このクルマはカウンタックの後継にあたる。エンジンは縦置きにミドシップされ、その前方、コクピット寄りにギアボックスを配置している。

荒々しい性格をもっとおとなしいものに変えたかったというのが、クライスラーの本音であった。クライスラーは、このクルマのプロジェクトが最終段階に入ったころ、サンタガータのオーナーになった。

最初に企画されてから5年を経て、ディアブロはデビューし、そして成功した。デザインがいいというのは、むろんそのとおりだが、なにより好まれたのはその技術だった。パワーは熱狂的なファンも安心できる数値で、最高出力492ps／6800rpm、最高速度325km/hを発する。0－100km/h加速に至っては4.1秒で、それはまさにパラダイスというべき世界である。細部が改良された5.7ℓのエンジンを搭載し、燃料供給装置はキャブレターに代えて、ウェバーとマニェッティ・マレリのものをベースに、ランボルギーニが独自に開発したマルチポイント・インジェクションが採用された。

世界を制覇するスピードのディアブロだが、デザインについて見てみると、ランボルギーニの方向転換が窺える。より実用的に、そし

エアロダイナミクスゲーム
エンジンフードとテールにはエアアウトレットが備わる。リアバンパー上部にも大きなアウトレットが設けられている。

Passione Auto • Quattroruote 131

テクニカルデータ
ディアブロ（1990）

【エンジン】＊形式：60度V型12気筒／ミドシップ縦置き ＊タイミングシステム：DOHC／4バルブ ＊燃料供給：電子制御インジェクション ランボルギーニL.I.E. ツイン・キャタライザー ＊総排気量：5707cc ＊ボア×ストローク：87.0×80.0mm ＊最高出力：492ps／6800rpm ＊最大トルク：580Nm／5200rpm ＊圧縮比：10.0：1

【駆動系統】＊駆動方式：RWD ＊変速機：5段 ＊クラッチ：乾式単板 LSD ＊タイア：（前）245/40ZR17 （後）335/35ZR17

【シャシー／ボディ】＊形式：チューブラーフレーム／2ドア・クーペ ＊乗車定員：2名 ＊サスペンション：（前）ダブルウィッシュボーン／コイル, ダンパー スタビライザー （後）ダブルウィッシュボーン／コイル, ツイン・ダンパー スタビライザー ＊ブレーキ：ベンチレーテッド・ディスク ＊ステアリング：ラック・ピニオン

【寸法／重量】＊ホイールベース：2650mm ＊トレッド：（前）1540mm （後）1640mm ＊全長×全幅×全高：4460×2040×1105mm ＊重量：1695kg

【性能】＊最高速度：325km/h ＊発進加速（0－100km/h）：4.1秒

ニュー・テクノロジー

エンジンとシャシーに新しさがみられる。エンジンは燃焼室、カムシャフト、燃料供給システム、そしてエグゾーストが新設計に。シャシーについては構造変更が施されている。

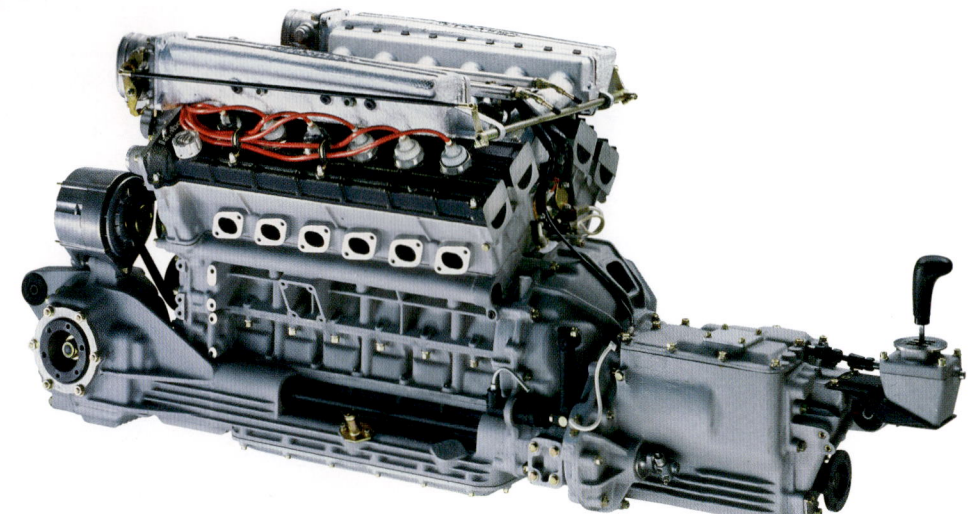

て高慢さは控えめに——言葉で表現するのは難しいことだが、それが見事に表現されている。17インチ・ホイールに装着されるタイアは、フロントが245/40、リアが335/35である。ボディラインは非常にクリーンで、凹凸がなく滑らかだ。エンジンによって占められたリアの、そのフード中央はフラットで、魚の背骨のような整然としたスリットが並ぶ。サイドピラーの後ろ側にはエアインテークが装備されている。

テールのデザインはパーフェクトといってよく、4つのライトと4本のエグゾーストパイプを合わせた合計8個の丸が印象的である。全体のプロフィールは明快なウェッジ・シェイプで、コクピットはぐっと前寄りに据えられる。跳ね上げ式のドアは1枚ガラスのウィンドーが特徴だが、この窓は前方向にぐっと下がり、それが強さと、そして乗り手に良好な視界を提供している。少々個性に欠けるが、短く、先が細くなったフロントノーズにはリトラクタブル・ヘッドライトが備えられ、バンパーにはウィンカーライトが嵌めこまれており、下部のスポイラーへとラインは流れる。

クライスラーのビル・デートンが手掛けた室内は快適で洗練されていた（といっても2シーターのスペースだから限界はあるが）。しかし、インストルメントパネルについては、シンプルというより平凡というほうが適切な表現かもしれない。

メイド・イン・USA
ディアブロのコクピットはクライスラーのデザイナーが手掛けた。ランボルギーニのGTとしては快適な空間が広がっている。革やプラスチックなどの使い方はアメリカン・スタイルとイタリアン・スタイルが共存する。オーダーメイドの鞄（下右）の値段はクルマの値段に相応したもので、370万リラもした。

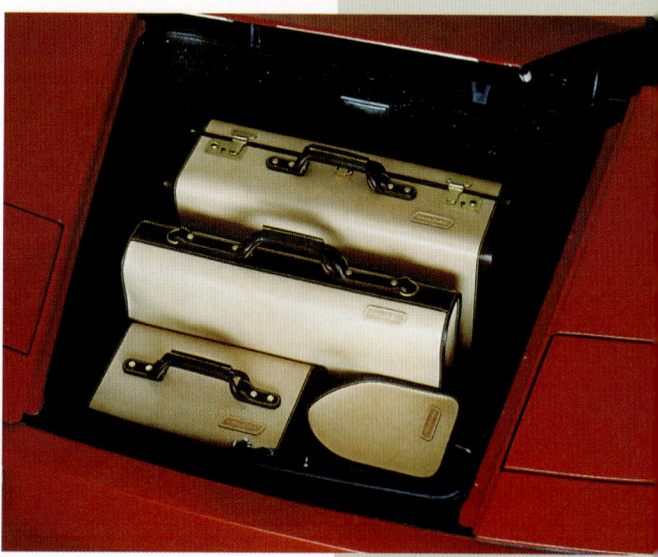

Passione Auto • Quattroruote 133

ディアブロ インプレッション

F1ドライバー、イヴァン・カペリが"悪魔のような"ディアブロのテストを楽しんだのは、彼にとってこれが理想のクルマだったからだ。

「街中を走れるレーシングカーだよ。信号待ちができて、4速から、いや5速／1000rpmでも追い越せるクルマだね。ドライバーが望めば500psを楽しむこともできる。安全な状況で楽しむことが可能なトゥリズモだ」

イヴァンはシートの快適さと細かく調節できるステアリングを褒めると、今度は、大きなフロント・ウィンドシールドに驚いたと語る。良好な視界が確保されているのだ。一方でリアの視界には限りがあって、というより、ほとんど見えないといえるだろう。アウトストラーダ（イタリアの高速道路）に入って数キロ走ったところで、イヴァンの最初のインプレッションだ。彼の走り方はフツウの人よりちょっと速い程度だったのだが、ディアブロの快適さを賞賛する。翻って批判的だったのは車重（1600kg以上）のことだ。ワインディングロードを行くには重すぎるというのだ。

「コーナーの半分ほどのところで問題を感じたよ。ステアリングの戻りが強くて、クルマが直進しようとする」ブレーキは重くて、調整が難しい。そして、シフトレバーはシャープさに欠ける。12気筒エンジンについては気に入ったようだ。「低回転速でもトルクがあるからいいね。フィーリングがいい」最後に最高速度の325km/hについて、これぞサンタガータのGTの強みだという。「この速さでもグリップが素晴らしいんだ」

トップカー
1991年8月、新型の三菱パジェロ（表紙）登場。（編注：当時SUVブームが始まりかけていたイタリアで大人気だった）

PERFORMANCES

最高速度	km/h	0—220	17.2	70—180	23.9
	326.225	0—240	20.8	70—200	29.4
発進加速		0—250	23.0	70—220	34.6
速度 (km/h)	時間 (秒)	停止—400m	12.7	**制動力**	
0—60	2.9	停止—1km	22.4	初速 (km/h)	制動距離 (m)
0—80	3.8	**追越加速** (5速使用時)		60	13.3
0—100	5.1	速度 (km/h)	時間 (秒)	80	23.7
0—120	6.4	70—80	2.9	100	37.0
0—140	7.8	70—100	5.8	140	72.6
0—160	9.6	70—120	9.8	160	94.8
0—180	11.6	70—140	14.1	180	119.9
0—200	13.4	70—160	18.6	200	148.1

サーキットではなく公道で

すばらしいエンジンだと賞賛するクアトロルオーテ誌の特別テスター、カペリは、同時に次のように警告する。「車重があるクルマだから、極端な走りはしないように」

ディアブロ VT 1993〜2000

最高のグリップ
後輪がグリップを失っても前輪でトルクを受けることができるシステムを搭載したことにより、ディアブロVTはこのカテゴリーのクルマとしては、非常に高い安定性を備える一台となった。

3年前にモナコで開かれたプレゼンテーションの席で、すでに発表されていたとおり、1993年に"四輪駆動"バージョンのディアブロがデビューする。その名をVTと称した。
　VTという名称は"ヴィスカス・トラクション"の略で、なんらかの理由で後輪がトラクションを失った場合に、前輪に駆動力を伝達するビスカスカップリングに由来する。V12のパワーはエンジン前方のギアボックスを通ってディファレンシャルへと導かれるが、VTの場合、ギアボックスに内蔵されたビスカスカップリングから前方へプロペラシャフトが伸びている。つまり、センターデフがトルクを前後に配分する通常のレイアウトとは異なるのだ。そういう意味では通常の四輪駆動というより、むしろ"トータル・トラクション"と呼ぶほうがふさわしいだろう。いずれにせよ、このシステムによってディアブロには高いスタビリティが保証されることになった。
　このシステム以外にもVTは"インテリジェンス・サスペンション"電子制御式の可変ダンパーを搭載する。これはスピードを感知してダンピングレートを自動的に4段階に制御するもので、状況や好みに応じてマニュアルで選択することもできる。
　テールに記されたロゴ以外で、VTと通常の後輪駆動バージョンとを区別するのは、ライト下にある小さなふたつのフロント・エアインテーク、そしてフロントタイアのサイズ（2WDディアブロは245、VTは235）である。タイアサイズがひと回り小さくなったことでハンドリングが向上した（ようやくパワーステアリングが標準装備となった）。インテリアでは、スピードメーターとタコメーターを含めたインストルメントパネルが新しくなり、読みやすくなっている。

インテグラーレ
VTのフロントデフへは、シフトレバー下を通るシャフトからトルクが伝達される。リアから見て、このクルマがVTと識別できのはロゴからのみ（右）。

テクニカルデータ
ディアブロVT（1993）

【エンジン】＊形式：60度V型12気筒／ミドシップ縦置き ＊タイミングシステム：DOHC／4バルブ ＊燃料供給：電子制御インジェクション ランボルギーニL.I.E. ツイン・キャタライザー ＊総排気量：5707cc ＊ボア×ストローク：87.0×80.0mm ＊最高出力：492ps／6800rpm ＊最大トルク：580Nm／5200rpm ＊圧縮比：10.0：1

【駆動系統】＊駆動方式：4WD ＊変速機：5段 ＊クラッチ：乾式単板 ビスカスカップリング LSD／最大駆動配分：（前）25％ （後）45％ ＊タイア：（前）235/40ZR17 （後）335/35ZR17

【シャシー／ボディ】＊形式：チューブラーフレーム／2ドア・クーペ ＊乗車定員：2名 ＊サスペンション：（前）ダブルウィッシュボーン／コイル, 電子制御ダンパー スタビライザー （後）ダブルウィッシュボーン／コイル, 電子制御ツイン・ダンパー スタビライザー ＊ブレーキ：ベンチレーテッド・ディスク ＊ステアリング：ラック・ピニオン（パワーアシスト）

【寸法／重量】＊ホイールベース：2650mm ＊トレッド：（前）1540mm （後）1640mm ＊全長×全幅×全高：4460×2040×1105mm ＊重量：1625kg

【性能】＊最高速度：325km/h ＊発進加速（0－100km/h）：4.1秒

ディアブロ SE 1993〜1995

レース・イメージ

ディアブロSE（スペシャル・エディション）のエクステリアに加えられた改造は、いずれもレーシングカーのイメージに仕立てるためのものだった。特に気合いが入っているのはリア。エンジンフード（上右）が新しくなり、2本のサポートに支えられたウィング（139ページ）が装着された。造形が一新されたホイールはOZのマグネシウム製で、サイズは前後異なり（フロント：17インチ／リア：18インチ）、ピレリP ZEROを装着する。フロントバンパー下のエアインテークの形状が変更され、エンブレムもフロントバンパー上に装着された（右下）。

ランボルギーニの歴史のなかでも、1993年は特別な年にあたる。

この年の2月20日、フェルッチオが人生の幕を下ろした。ハイパフォーマンスカーのシンボルを生み出した人物、その人が生を終えたのだ。自動車界にとっては悲しい出来事だった。運命のいたずらだろうか、この年はランボルギーニ創業30年にあたる年でもあった。創業者の努力がこの歳月を生み出したのだ。自らのアイデアを信じ、そして育てたのは誰あろう彼だった。

創立記念日を祝して、トーロ主催による3回目の『LAMBORGHINI DAY』がサンタガータで開催されたが、そこで披露されたのがディアブロSEだった。スペシャル・エディションを意味するSEはメタリック・バイオレットにペイントされ、テールにSEのロゴを掲げる（生産されたのは150台のみ）。

ノーマル・バージョンとの違いはエクステリアが中心だが、こちらのほうがより"個性的"といえるだろう。また、異なるチューンのエンジンを搭載したイオタも誕生した。

このクルマをよりレーシーにしているのはリアの大きなスポイラーで、このスポイラーには調節することが可能な小さいフラップが付いている。また、スタビライザーはドライバーがコクピットから調整できた。エンジンフードにはブラインド式のグリルが装着され

Passione Auto • **Quattroruote** 139

テクニカルデータ
ディアブロSE（1993）

【エンジン】 ＊形式：60度V型12気筒／ミドシップ縦置き ＊タイミングシステム：DOHC／4バルブ ＊燃料供給：電子制御インジェクション ランボルギーニL.I.E. ツイン・キャタライザー ＊総排気量：5707cc ＊ボア×ストローク：87.0×80.0mm ＊最高出力：525ps／7000rpm ＊最大トルク：580Nm／5200rpm ＊圧縮比：10.0：1

【駆動系統】 ＊駆動方式：RWD ＊変速機：5段 ＊クラッチ：乾式単板 LSD（45％） トラクションコントロール ＊タイア：（前）235/40ZR17（後）335/30ZR18

【シャシー／ボディ】 ＊形式：チューブラーフレーム／2ドア・クーペ ＊乗車定員：2名 ＊サスペンション：（前）ダブルウィッシュボーン／コイル，ダンパー スタビライザー （後）ダブルウィッシュボーン／コイル，ツイン・ダンパー スタビライザー ＊ブレーキ：ベンチレーテッド・ディスク ＊ステアリング：ラック・ピニオン（パワーアシスト）

【寸法／重量】 ＊ホイールベース：2650mm ＊トレッド：（前）1540mm （後）1640mm ＊全長×全幅×全高：4460×2040×1105mm ＊重量：1450kg

【性能】 ＊最高速度：330km/h ＊発進加速（0-100km/h）：4.0秒

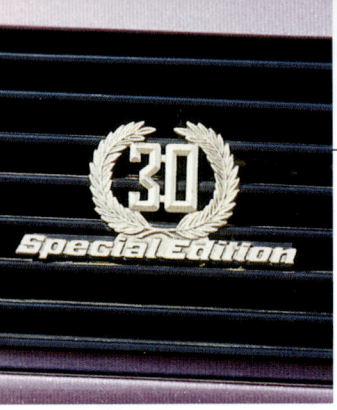

SEの特色
上から時計回りに：
● 30周年の記念エンブレム。
● ブラック・ゴールド色が引き立つエンジンルーム。
● シフトレバーの横の小さなレバーはリアスタビライザー調整用で、センターコンソールにはトラクション・コントロールのオン／オフ・スイッチも備わる。
● 360km/hまで刻まれたホワイト地のスピードメーター。
● アルカンタラの奢られた室内とカーボン製シートに4点式シートベルト。

140 Quattroruote • Passione Auto

ているが、サイドに備えられたふたつのエアインテークともども、ミウラのデザインエッセンスの流用といえる。サブ・エアインテークがフロントのスポイラー上に装着され、ホイール（フロントは17インチ、リアは18インチ）は鋳造のマグネシウム製となる。また、室内にはアルカンタラが用いられた。

スポーティなキャラクターを強調するために、SEにはダイエットが施され、スマートになった。これはカーボンファイバーとコンポジット素材をふんだんに採用した結果だが、エアコンやオーディオといったラクシュリーカーの"ご利益"もダイエットの対象となり、サイドウィンドーは電動式からプレクシグラス製のレースカーのような、一部開閉式に変更されている。

SEは四輪駆動ではなく、電子制御式の後輪駆動である。専用インジェクション・システムの採用などにより最高出力は525psにまで向上した。

また、クライアントのリクエストに応えて、ファンに人気のイオタ・バージョン用キットが用意されたが（ストレート・エグゾーストの可変吸気システムが問題となり、公道用の認可を取得することができなかったため、キット販売された）、これはルーフからエンジンフードにかけて備えられた2基のサブ・エアインテークが目印だ。可変吸気システムによってイオタの最高出力は600ps／7300rpm、最高速度は340km/hに向上している。

テクニカルデータ
ディアブロSE イオタ（1994）
＊ディアブロSEと下記の諸元が異なる
【エンジン】＊最高出力：600ps／7300rpm ＊最大トルク：640Nm／4800rpm ＊可変吸気システム
【性能】＊最高速度：340km/h

カラ 1995

1988年、クライスラーの命により、エンジニアのマルミローリがランボルギーニの指揮を執るようになって数ヵ月後、P140が完成した。サンタガータの"ピッコラ"は中級モデルのハイパフォーマンス・スポーツカーのテスト車である。ランボルギーニ・ウラッコやウラッコの後継車であるシルエット、そしてジャルパ以降、モデルが存在していなかったセグメントのクルマだった。

ニューモデルはランボルギーニ社の将来進むべき方向を指し示す役割を担っていた。しかし、経営および組織面で噴出した問題がこのプロジェクトの進行を阻んだ。V10を搭載したプロトタイプが出てからなんと7年もの間、プロジェクトは凍結されたのだが、時折ショーなどに突発的に姿を見せた。

これだけの時間が経っていたにもかかわらず、コンセプトそのものは一向に古くならず、待ち望まれていた"ベイビー・ランボ"のベースとして使われた。P140にモディファイを施したものがL140（ランボルギーニ／10気筒／4ℓ）となる。そして、これをベースにしたカラが1995年のジュネーヴ・ショーに登場する。デザイナーはイタルデザインのジョル

ハイデッキ・テール
カラは大きなウィング、フラットなアンダーボディ、エンジンフードのルーバーなどエアロダイナミクスとハイパフォーマンスに重点を置いてデザインされた。

ジェット・ジウジアーロだった。
　このクルマはコンパクトなベルリネッタで、タルガトップを持ち、デザインはくねくねと丸みを帯びている。たくさんのエアインテークに囲まれているが、いずれもボディに嵌めこみ式である。名前の由来は"カウンタック"にあやかろうと、ピエモンテ弁で付けられた。その意味は「見てごらん、あれ」というところだ。

　生産されたのは1台だけだったが、完璧なランニング・プロトタイプで、デュアル・エアバッグといったセキュリティ・デバイスも装備されていた。
　アルミの軽合金パネル・シャシーは、たび重なるプロセスを経て製作された（剛性が高く、軽い）。エンジンはミドに配置されている。そのエンジンは、3960ccの90度V型10気筒で、

リッターあたりの出力は100ps（トータルで400ps）、バンクごとのバリアブル・タイミング・システムを搭載する。ギアボックスは6段である。
　シンプルでさっぱりしたラインのP140と比べると、カナリアを想像させる鮮やかな黄色に塗装されたカラは非常に派手で、たとえば130km/hからエアロダイナミクス効果を発揮

見つめる目
ショートノーズはランボルギーニの特徴だが、プロテクション付きのヘッドライトがクルマの表情に"人間らしさ"を与えている。3/4の位置から眺めると、サイドを抉ったような切れこみが目につく。

テクニカルデータ
カラ（1995）

【エンジン】＊形式：60度V型10気筒／縦置きミドシップ ＊タイミングシステム：DOHC／4バルブ ＊燃料供給：電子制御インジェクション ランボルギーニL.I.E. キャタライザー ＊総排気量：3960cc ＊ボア×ストローク：85.5×69.0mm ＊最高出力：400ps／7200rpm ＊最大トルク：392Nm／5200rpm ＊圧縮比：10.5：1

【駆動系統】＊駆動方式：RWD ＊変速機：6段 ＊クラッチ：乾式単板 ＊タイヤ：（前）225/40ZR18 （後）295/35ZR18

【シャシー／ボディ】＊形式：モノコック／2ドア・クーペ（タルガトップ） ＊乗車定員：2名 ＊サスペンション：（前）ダブルウィッシュボーン／コイル，ダンパー スタビライザー （後）ダブルウィッシュボーン／コイル，ダンパー スタビライザー ＊ブレーキ：ベンチレーテッド・ディスク ＊ステアリング：ラック・ピニオン（パワーアシスト）

【寸法／重量】＊ホイールベース：2520mm ＊トレッド：（前）1592mm （後）1582mm ＊全長×全幅×全高：4390×1900×1222mm ＊重量：1290kg

【性能】＊最高速度：300km/h

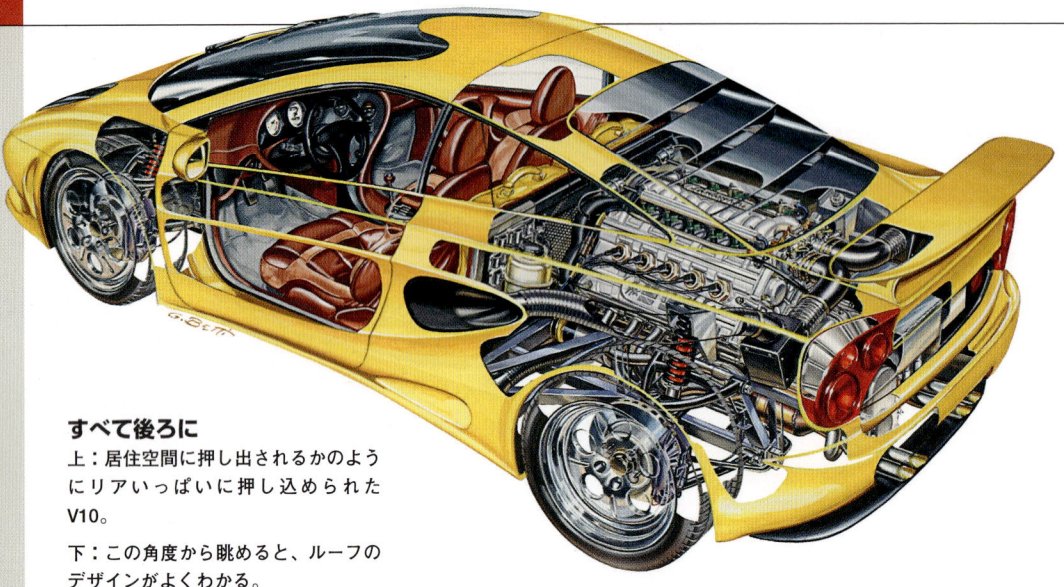

すべて後ろに

上：居住空間に押し出されるかのようにリアいっぱいに押し込められたV10。

下：この角度から眺めると、ルーフのデザインがよくわかる。

するリアの巨大ウィングは、このデザイン・コンセプトの象徴だろう。リアボディに埋め込まれたテールライト類もしかりだ。ふたつの透明な半円型ガラスが嵌めこまれたハードトップは、クローズド時でもコクピットに充分な光量を採りこめる。サイドのラインがアグレッシヴさを強調し、"ディアブロ・タイプ"のサイドウィンドーに続く流れを作る。また、このサイドにはエンジン冷却用の大きなエアインテークが、ボディ下にはリアのブレーキ

用の小さなエアインテークが備えられている。
　エンジン熱はリアフードのブラインド・タイプのグリルから吐き出される。ミウラで採用され、ディアブロSEに受け継がれた手法である。インストルメントパネルは中心部分からドライバーに向けられている。メーター地は白で、シフトレバーはクロームメッキだ。レカロのフロントシートの後ろにはふたりの子供、もしくは荷物か、外したルーフを置くことができる。

調和
カラの室内（左）はオリジナリティに富み、サイドのデザインには躍動感が感じられる（下）。フロント・ウィンドシールドはフロントノーズと同じ傾斜角を保ち、調和がとれている。軽合金ホイールは18インチ、サンタガータのGTの典型的な5穴タイプ。

ディアブロVTロードスター 1995〜2000

ショッキングイエロー

ディアブロ・ロードスターのプロトタイプ。その後、ホイールもボディと同じカラーに塗装された。シートはタン・レザー、大きなルームミラーがウィンドシールドの頂点に置かれることになった。

過去、ランボルギーニでシリーズ生産されたスパイダーは、1979年のシルエット、1981年のジャルパである。

サンタガータのボスとなったエミル・ノヴァロは再びその時期が来たと判断する。パワフルなエンジンを持った魅力的なデザインのドリームカー、エンスージアストを惹きつけるような、髪が風になびくクルマを作るべき時が来たと考えたのである。

マルチェロ・ガンディーニは彼の最新作であるディアブロのオープン・モデルの出来上がりに充分満足していた。事実、1992年3月のジュネーヴ・ショーで、外はイエロー・メタリックで室内はタン・レザーという、実に派手なオープンGTを出品するが、トーロのスタンドに訪れた人々の反応はすばらしいものだった。

確かに、ディアブロのような構造のクルマに幌やカバーをつけることはとても難しい。ギアボックスを前方に置いたエンジンの位置を考えると、取り外したルーフの格納場所が問題になる。雨の時はどうするかといった具体的な話より、通常、ロードスターのプロトタイプの場合、生産モデルというよりデザイン・スタディであるケースが多いために、いざ生産となると、たとえばこの高さでは平均的な背の高さの人間を雨風から守ることのできないウィンドシールドをはじめ、ルームミラーの置き場所など、解決しなければならない基本的な課題が山積していることが多い。

どうやってロードスターをカバーするか、彼らはこの課題をクリアするのに3年かかった。1995年（前年、ランボルギーニはアジア企業傘下に入った）、ディアブロのオープン・タイプがVTバージョンで登場する。

ディアブロVTロードスターのエクステリアにはサイドにSEと同じエアインテークが設けられ、スポイラーの中に収められたライトの形状が変わった。当然、フロント・ウィンドシールドのサイズも変更されたが、それより

組み込まれたルーフ
1995年に生産開始となったVTロードスターではプロトタイプとは異なり、外したルーフはエンジンフード上に装着されるようになった。

テクニカルデータ
ディアブロVTロードスター(1999)

【エンジン】 *形式：60度V型12気筒／縦置きミドシップ *タイミングシステム：DOHC／4バルブ *燃料供給：電子制御インジェクション ランボルギーニL.I.E. ツイン・キャタライザー *総排気量：5707cc *ボア×ストローク：87.0×80.0mm *最高出力：530ps／7100rpm *最大トルク：640Nm／5500rpm *圧縮比：10.0：1

【駆動系統】 *駆動方式：4WD *変速機：5段 *クラッチ：乾式単板 ビスカスカップリング LSD／最大駆動配分：(前)25%　(後)45% *タイア：(前)235/35ZR18　(後)335/30ZR18

【シャシー／ボディ】 *形式：チューブラーフレーム／2ドア・クーペ(タルガトップ, ロールバー内蔵) *乗車定員：2名 *サスペンション：(前)ダブルウィッシュボーン／コイル, 電子制御ダンパー スタビライザー　(後)ダブルウィッシュボーン／コイル, 電子制御ツイン・ダンパー スタビライザー *ブレーキ：ベンチレーテッド・ディスク／ABS *ステアリング：ラック・ピニオン(パワーアシスト)

【寸法／重量】 *ホイールベース：2650mm *トレッド：(前)1540mm　(後)1640mm *全長×全幅×全高：4470×2040×1115mm *重量：1625kg

【性能】 *最高速度：320km/h *発進加速(0-100km/h)：3.9秒

注目すべきはデザインの変わったエンジンフードだろう。ここにカーボンファイバー製のデタッチャブル・ルーフが置かれる。便宜的な面からいうとこの手法は成功しているが、すべては手作業で行なわれるという、実用面ではあまり優れた仕組みではなかったようだ。ルーフが電動式だったのは、ランボルギーニのスイスのインポーターである、アフォルターが手掛けたプロトタイプだけだった。

インテリアはVTクーペとほとんど同じだが、シートについては太陽光線にも雨にも強い加工の施されたレザーが用いられている。

1998年、デビューからおよそ4年後、ディアブロはVTロードスターを含め、すべてのバージョンが1999年モデルとしてマイナーチェンジを受け、パリ・サロンに出品された。最高出力530ps、最大トルク640Nm／5500rpmのエンジンを搭載したVTロードスターは、この年いっぱい生産された。外見上の違いは、トラディショナルなリトラクタブル・ヘッドライトに代わって透明プロテクション付きの固定式ヘッドライトが採用されたことと、ブレーキディスクが大きくなったために、ホイールが18インチになったことだ(ABSがようやく標準装備となった)。またインストルメントパネルのデザインも刷新された。

VTロードスターのテストは1999年1月号の『クアトロルオーテ』に掲載されたが、この時のテストは、通常のそれとはちょっと異なる

148　Quattroruote・Passione Auto

リアヘビー
エンジンのポジションがVTロードスターをレーシングカーらしく仕上げている。前後の重量配分はフロントが40％、リアは60％で、非常にコントローラブルだ。

QUATTRORUOTE ROAD TEST

最高速度	km/h
	331.900

発進加速

速度 (km/h)	時間 (秒)
0—40	1.5
0—60	2.2
0—80	3.0
0—100	4.1
0—120	5.7
0—140	7.1
0—160	9.0
0—180	11.2
0—200	14.2
0—220	17.6
0—240	21.7
停止—400m	12.2
停止—1km	22.2

追越加速（5速使用時）

速度 (km/h)	時間 (秒)
70—80	2.1
70—100	6.1
70—120	10.2
70—140	14.6
70—160	19.7
70—180	25.5

制動力（ABS）

初速 (km/h)	制動距離 (m)
60	13.3
80	23.7
100	37.0
130	62.5
160	94.7
180	120.0
200	148.0

スタビリティ

四輪駆動とLSD（リミテッド・スリップ・デフ）のおかげで、VTロードスターの安定性は高く、ハンドリングにも優れていた。ブレーキも優秀で、ABSも搭載された。ロードスターの問題点は、ディアブロ全般にわたっていえることでもあるが、クルマの大きさが掴みにくい点。リアがフロントよりワイドなのだから、「前が通ったから、後ろも通れるだろう」という考えは忘れることだ。

ものだった（記事のタイトルは、実に明快。「モンスターが街を行く」）。なんと交通量の多い街中に運びこんだのだ。しかし、結果的にはそれほど興奮するようなものではなかった。エンジンのフレキシビリティは賞賛に値するもので、街中のドライブにも適していると評価された。ハンドリングも悪くはなかった。「クローズドのディアブロと基本的に同じはずだが、こちらのほうがエンジン性能が向上している。ステアリングは正確でレスポンスはクイック、（17インチ・ホイール装着の）前モデルよりさらにクイックである。なによりパワーステアリングの採用によって、駐車する際、それほど力を必要としない」

反対に、クラッチがヘビーで視界が悪いのは、燃費の悪さとともに残念な点と記されている。燃費はおそろしく悪く、巨大な燃料タンクを持つにもかかわらず、100ℓのガソリンはあっという間になくなっていった。

ラプトール 1996

　ディアブロの後継車選びが進むなか、カロッツェリア・ザガートから派生したSZデザインが、1996年のジュネーヴ・ショーで、ランボルギーニのV12を搭載した個性的なプロトタイプを発表する。ランボルギーニ社重役の友人であるアライン・ウィキーの仲介で実現したプロジェクトだった。

　名をラプトールと称し、50台ほどの少数限定生産を前提に造られたプロトタイプである。SZデザインのチーフ、原田則彦と若きアンドレア・ザガートの協力で生まれたもので、デザイン作業は伝統的な手法を排除し、コンピューターで行なわれた。

　このクルマは間違いなく過激で個性的だ。デザインの特徴はモデュール方式とでもいうべきか、2シーター・クーペがバルケッタ、もしくはシングルシーターに姿を変えるのだ（ルーフ／フロントスクリーン／サイドウィンドーが格納される）。いっぽう、搭載されているエンジンはV型12気筒である。車重は共通のメカニズムと四輪駆動システムを備えるディアブロVTより300kgも軽くなっている。

　シャシーはスチール製チューブラーフレームで、ボディは超軽量カーボンファイバー製、そして内装にアルカンタラを配したミニマリズムの室内を持つこのクルマの運命は、しかし、1台のみの生産で終わる。ショー期間中に、すでに3台ものオーダーが入っていたにもかかわらず、であった。

アクセス
1996年のジュネーヴ・ショーにSZデザインが出品したラプトールに乗るには、ルーフ、フロントガラスとつながった大きなドアから。誰にも気づかれずに乗り込むのが不可能なクルマだ。

ディアブロSV／SVR／SVロードスター 1996〜2000

刻々と変化する仕様
SVはディアブロを軽量化、スパルタンにしたモデルで1996年にデビュー（下）。シリーズIIは99年に登場（右）。リトラクタブルから固定式になったヘッドライトが特徴。

"スポルト・ヴェローチェ"の頭文字を取ってSVと名づけられた。伝説のクルマ、ミウラの進化が封印されて以来、25年を経て、今度はディアブロにこの名が戻ってきたのだ。

スポーティなキャラクターに装備はスパルタンというターゲットのもと、サンタガータではディアブロの軽量化に取り掛かる。ノーマル・バージョンより20％も車重を落としたことにより、ハンドリングが向上し、V12が発するパワーをフルに使えるようになった。1996年のジュネーヴ・ショーに登場したこのクルマには、"SV"と大きな装飾文字がサイドボディに描かれていたが、クライアントが望めばこの文字を消すことも可能で、そうでなければステッカーで受け取ることもできた。

SVのほかの特徴は、艶消しの黒いウィング（オプションでボディカラーと同色にすることも可能）と、ディアブロSEイオタと同じシュ

サーキット仕様
SVRはレーシングマシーンのディテールを備えている。ホイールはすぐ外せるようセンターロック式になっており、サイドウィンドーはプレクシグラス製だ。

Passione Auto • Quattroruote 153

テクニカルデータ
ディアブロSV
（1996）

【エンジン】＊形式：60度V型12気筒／ミドシップ縦置き ＊タイミングシステム：DOHC／4バルブ ＊燃料供給：電子制御インジェクション ランボルギーニL.I.E. ツイン・キャタライザー ＊総排気量：5707cc ＊ボア×ストローク：87.0×80.0mm ＊最高出力：500ps以上／7000rpm ＊最大トルク：580Nm／5200rpm ＊圧縮比：10.0：1

【駆動系統】＊駆動方式：RWD ＊変速機：5段 ＊クラッチ：乾式単板 LSD ＊タイヤ：（前）245/40ZR17 （後）335/35ZR18

【シャシー／ボディ】＊形式：チューブラーフレーム／2ドア・クーペ ＊乗車定員：2名 ＊サスペンション：（前）ダブルウィッシュボーン／コイル，ダンパー スタビライザー （後）ダブルウィッシュボーン／コイル，ツイン・ダンパー スタビライザー ＊ブレーキ：ベンチレーテッド・ディスク ＊ステアリング：ラック・ピニオン（パワーアシスト）

【寸法／重量】＊ホイールベース：2650mm ＊トレッド：（前）1540mm （後）1640mm ＊全長×全幅×全高：4470×2040×1115mm ＊重量：1576kg

【性能】＊最高速度：300km/h ＊発進加速（0－100km/h）：4.0秒

ノーケル型のエアインテーク付きエンジンフードである。ノーマル・バージョンのディアブロでは標準装備だったレザー内装はSVではオプションとなり、標準ではシートとドアパネルはアルカンタラが用意された。これによってストイックなレーシングマシーンの雰囲気がいっそう強まった。

SVの価格はディアブロより安く、これもユーザーを惹きつける要因となった。投入の時期に合わせて、ランボルギーニではSVRスーパートロフィー・チャンピオンシップをスタートさせ、これがSVR誕生につながった。

このモデルはSVのスペシャル・バージョンで、同じアセンブリー・ラインで製作されたが、シングルシーターであり、5点式シートベルトが装着されている。ボディのモディファイをみると、まさにレーシングマシーンであることを実感する。SVに比べてかなり大きなリアウィングの調整はミリ単位で行なうことが可能だ。ホイールも特別製で、レース時の交換の容易性を考慮し、センターロック式を採用する。サイドウィンドーはプレクシグラス製で、小さな開口部もレーシングマシーンのそれである。ヘッドライトは固定式とされ、より軽量化に貢献する。リアに隠された（しかし、すばらしいサウンドの）エンジンは実にマッチョで、最高出力570psを発した。

1998年、クローズド・タイプと同じスピリットを持つオープン・タイプ、後輪駆動のSV

ロードスターが登場する。プロトタイプは派手なオレンジ・メタリックにペイントされ、シートはグレーだった。リアにはいつもながらの黒いウィングが装着されているが、これはオプションで用意された。クーペ同様、室内にはアルカンタラが使われている。

その一方で、ランボルギーニは生産化を視野に入れて、このロードスターの2代目のプロトタイプの製作を開始していた。世界中からこの野生的なスパイダーにオーダーが集まったが、納車の恩恵を受けられたのはヨーロッパのユーザーだけだった。製作されたのがたった30台ほどだったためだ。

1999年、SVも含め、カタログに載ったすべてのディアブロがマイナーチェンジを受ける。

実験
SVロードスターは公式には生産体制に入ることはなかったが、2台のプロトタイプのほか、ヨーロッパのクライアント用に32台が製作された。

アリか、ナシか？
カウンタックの時代から、ランボルギーニでは常にリアのウィングが議論の的になった。有益か否か──。SVRでは、ウィングはクライアントの要求によって装着されたようだった。下は1999年式のSVで、リアには何も見当たらない。

ヘッドライトは固定式に、インテリアやシートが一新された。エアバッグがふたつ装着され、標準装備のホイールは18インチを履く。SVは黒地のメーターに変更された。ブレーキディスクも大径になり、ケルシー・ヘイズ製ABSも標準装備となった。最高出力も535psに向上しているが、これは可変バルブタイミング機構が導入されたことによるもので、エンジンのセンターカバー上に"バルブ・タイミング・マネジメント"と刻まれた。

ディアブロSVでは、レース仕様のブレーキとサスペンションを持つスポーツ・パッケージ（SV-SP）も4台製作された。いっぽう、30台限定で製作されたのはコンフォート・パッケージ（SV-CP）で、こちらはレザー仕様で、電子制御サスペンションを装着、おもにアメリカ市場向けだった。

メカニズムが求めた快適性

すばらしいデザインのSVのコクピット。ギアボックスを収納するにはボリュームのあるスペースが必要だったし、センタートンネルを通す必要があった。ドライビング・ポジションが寝そべったスタイルになっているのは、ワイドな大径タイアのため、つまり大きなホイールアーチのせいだ。計器類は読みやすく、スピードメーターは360km/hまで刻まれている。

ディアブロ GT 1999〜2000

1998年、アウディによるランボルギーニ買収劇が完結した。新しいオーナーはサンタガータの人々のモチベーションを高め、社内には晴れ晴れとした空気が漂うようになった。

　すでにデビューから10年を経過したディアブロをリフレッシュさせるべく、ニューモデルを考える時期がきていた。これはランボルギーニではよくみられる手法で、今回もこの年のジュネーヴ・ショーで、限定生産モデル（80台）のディアブロGTが発表された。この名称こそ、クルマのキャラクターそのもので、技術面でもデザイン的にもグラントゥリズモの名にふさわしい改良が施されていた。

　技術面での目標は軽量化とパワーアップにあった。まず、車重についてはドア（アルミ製）とルーフ（スチール製）以外は、ボディとシャシーにカーボンファイバーを採用することで軽量化を実現する。パワーに関しては、マルチポイント・インジェクションとバタフライバルブを採用した6ℓのニュー・エンジンが、575ps／7300rpmまでの出力向上を実現した。

　このクルマでは細部の処理において、スポーティなキャラクターを際立たせることに成功している。エグゾーストパイプは4本から極太の2本に変更され、リアエンド中央にどっしりと据えられた。エンジンフードはSVのそれに似た形状で、恒例ともいうべきウィングに

エアロダイナミクス
大きく手が入ったエクステリア。大きなオイルクーラーを収納するために、フロント・デザインが変わった（下）。158ページは中央にダブル・エグゾーストパイプを備えたリアビューで、すっきりとしたバンパーが印象的。

テクニカルデータ
ディアブロGT（1999）

【エンジン】＊形式：60度V型12気筒／ミドシップ縦置き ＊タイミングシステム：DOHC／4バルブ 可変バルブタイミング機構付き ＊燃料供給：電子制御インジェクション ランボルギーニL.I.E. ツイン・キャタライザー ＊総排気量：5992cc ＊ボア×ストローク：87.0×84.0mm ＊最高出力：575ps／7300rpm ＊最大トルク：630Nm／5500rpm ＊圧縮比：10.7：1

【駆動系統】＊駆動方式：RWD ＊変速機：5段 ＊クラッチ：乾式単板 LSD ＊タイヤ：（前）245/35ZR18 （後）335/30ZR18

【シャシー／ボディ】＊形式：チューブラーフレーム／2ドア・クーペ ＊乗車定員：2名 ＊サスペンション：（前）ダブルウィッシュボーン／コイル，電子制御ダンパー スタビライザー（後）：ダブルウィッシュボーン／コイル，電子制御ツイン・ダンパー スタビライザー ＊ブレーキ：ベンチレーテッド・ディスク／ABS ＊ステアリング：ラック・ピニオン（パワーアシスト）

【寸法／重量】＊ホイールベース：2650mm ＊トレッド：（前）1650mm （後）1670mm ＊全長×全幅×全高：4430×2040×1115mm ＊重量：1460kg

【性能】＊最高速度：338km/h ＊発進加速（0－100km/h）：3.7秒

一部覆われている。またエンジンフード上部には大きなエアインテークが控え、フロントにはオイルクーラー用ダクトが追加された。フロントのホイールアーチはワイド化され、ここに収められるタイヤは245/35ZR18（後ろは335/30ZR18）となった。もちろんトレッドも広げられている。

室内にはカーボンとアルカンタラが多用され、小径ステアリングホイールと4点式シートベルトが目につく。典型的なレーシングカーのコクピット風景である。エアコンは標準装備だが、ダブル・エアバッグと後方視界を助けるCCDカメラはオプションで選択できる。

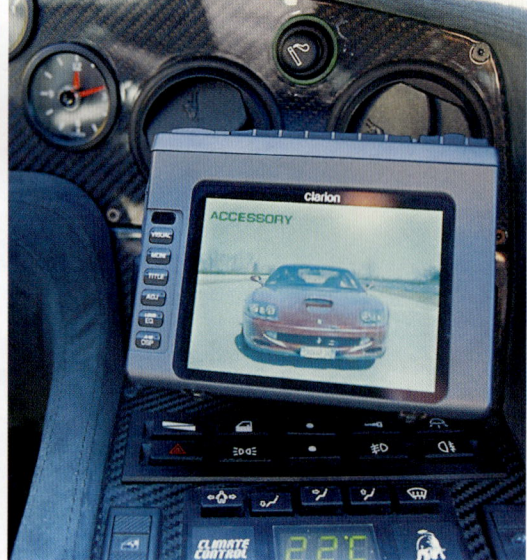

リアビューカメラ

1999年9月（フランクフルト・ショーで発表）からGTに後方を映し出すモニターシステムが用意された。これはナビゲーションシステムとしても使える。室内はカーボンとアルカンタラが豊富に使われている。

QUATTRORUOTE ROAD TEST

最高速度	km/h	0—200	11.8	70—180	17.8
	320.700	0—250	19.6	70—220	24.4
発進加速		停止—400m	11.8	**制動力**(ABS)	
速度(km/h)	時間(秒)	停止—1km	21.0	初速(km/h)	制動距離(m)
0—60	2.3	**追越加速**(5速使用時)		60	13.2
0—100	4.2	速度(km/h)	時間(秒)	100	36.6
0—140	6.5	70—100	4.8	140	71.9
0—180	9.5	70—140	11.1	180	118.8

ディアブロ GTR 1999〜2000

マスター・オブ・エアロダイナミクス
ディアブロGTRのエクステリアは毅然としている。どこから見てもコンペティション・マシーンそのものだ。フロントフード（右）にはレース中の事故に備えて、エマージェンシースイッチが設けられ、事故が起きた際には燃料供給をカットオフする緊急装置も用意されている。

163ページ：シャシーに直接装着されたリアウィングと同じく、エアロダイナミクスを考慮したリアビュー。

1999年12月、すなわちディアブロGTのデビューから9ヵ月後、ボローニャ・モーターショーでランボルギーニ・スーパートロフィー（ステファン・ラテル・オーガニゼーションがランボルギーニのためにオーガナイズしたチャンピオンシップ）用のエボリューション・バージョンが登場した。

GTRというネーミングそのもののディアブロのニューバージョンは、まさにサーキット仕様といってよく、チャンピオンシップのヒーローの座をSVRから譲り受けるモデルとして資格充分な性能を備える。GT同様、GTRもまたボディはカーボンファイバー製だが、ドアとルーフは安全性を考慮して、それぞれアルミとスチールがそのまま流用されている。安全性といえば、頑丈なロールバーも装着される。パセンジャーシートは外され、ドライバー用のみカーボン製が奢られているが、こ

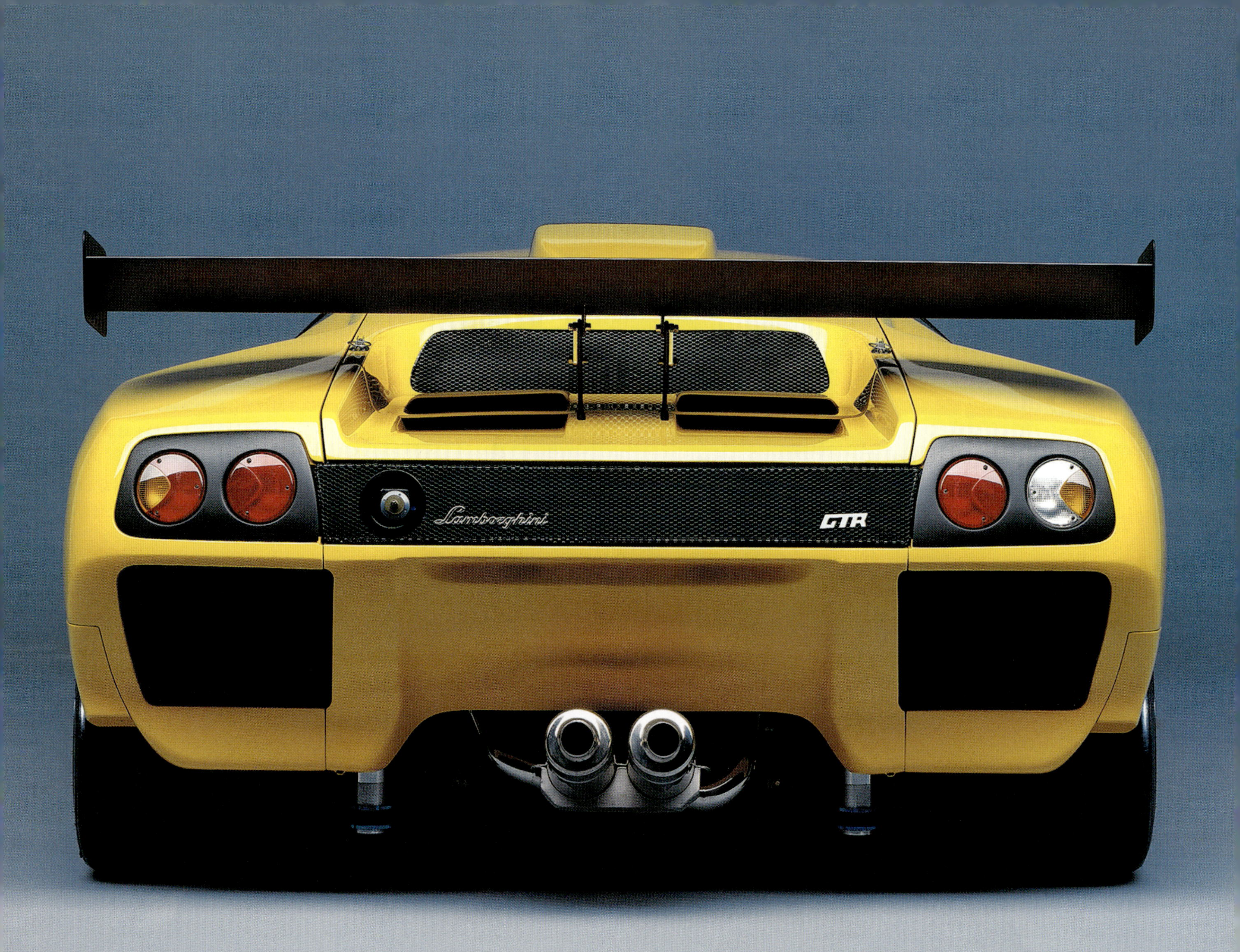
Lamborghini
GTR

テクニカルデータ
ディアブロGTR
（1999）

【エンジン】 ＊形式：60度V型12気筒／ミドシップ縦置き ＊タイミングシステム：DOHC 4バルブ 可変バルブタイミング機構付き ＊燃料供給：電子制御インジェクション ランボルギーニL.I.E. ツイン・キャタライザー ＊総排気量：5992cc ＊ボア×ストローク：87.0×84.0mm ＊最高出力：590ps／7300rpm ＊最大トルク：640Nm／5500rpm ＊圧縮比：10.7：1

【駆動系統】 ＊駆動方式：RWD ＊変速機：5段 ＊クラッチ：乾式単板 LSD ＊タイヤ：（前）245/645R18 （後）335/705R18

【シャシー／ボディ】 ＊形式：チューブラーフレーム／2ドア・クーペ ＊乗車定員：2名 ＊サスペンション：（前）ダブルウィッシュボーン／コイル，ダンパー（コニGT）スタビライザー （後）ダブルウィッシュボーン／コイル，ツイン・ダンパー（コニGT）スタビライザー ＊ブレーキ：ベンチレーテッド・ディスク／ABS ＊ステアリング：ラック・ピニオン（パワーアシスト）

【寸法／重量】 ＊ホイールベース：2650mm ＊トレッド：（前）1650mm （後）1670mm ＊全長×全幅×全高：4430×2040×1115mm ＊重量：1395kg

【性能】 ＊最高速度：338km/h ＊発進加速（0－100km/h）：3.5秒

れは6点式フルハーネスのシートベルトの効果を高めるために大型のものが用意された。

ステアリングホイールは3本スポークにスウェードが巻かれている。インストルメントパネルは典型的なレーシングカーのそれで、イグニッションスイッチのほか、消火および燃料のカットオフ用スイッチが並ぶ。SVR同様、サイドウィンドーは嵌め殺しのプレクシグラス製で、小さなスライドウィンドーが付いている。

エクステリアでは巨大なアジャスタブル・リアウィングが目につく。SVRとは異なり、コンポジット素材を使用したリアフードがウィングを支える強度を備えていなかったため、センター2柱のビームが直接シャシーに接合されている。

超軽量マグネシウム製の鋳造ホイールは一体型となっており、エグゾーストパイプはレーシングカーのそれで、GTと同じく中央に突き出ている。キャタライザーはもちろん装着されていない。

ブレーキディスクはブレンボ製の大径コンペティション仕様で、電子制御ABSを備える。エンジンフード、サイドとグリル上の大きなエアインテークはエンジン冷却用で、ブレーキとラジエターの熱はフロントフード、およびグリル、そしてテールのアウトレットが処理する。熱といえば、軽量化を進める過程で、ドライバーを熱から守るためにエンジンとコ

クピットの間に遮熱板が設置されたが、軽量素材を使用したために、ほとんど熱を遮断することができず、コクピットもオーブンのように暑くなった。

GTRの12気筒エンジンの排気量は約6ℓ、最高速度はオプションで用意されたファイナルを選べば345km/hに到達した。

ディアブロGTRは30台が製作されたが（シャシーナンバーは車内に付いている）、事故に備えて、そのボディは40台分が製作された。

レース仕様

コクピットは実にシンプル。ステアリングホイールとシフトレバーが目につくが、いずれもアルミ製（上）。164ページはレース仕様を特徴づける細部パーツ。クイックフィラーキャップ（上）や、可変ウィング（下）、ストレート・エグゾースト。

ディアブロ 6.0 2000〜2001

いつもながら強烈
デビューから10年、ディアブロのデザインは相変わらず強烈だ。アウディのリュック・ドンケルヴォルケが手掛けたマスクはモダーンでコンパクト。今後、ランボルギーニのデザインの進む方向性を示している。

アウディのような革新的な自動車メーカーの指揮のもとで仕事をすることは、ランボルギーニにとっては経済的な安定とともに、技術提供を受ける可能性を意味していた。ニューモデルの開発が行なわれる一方で、サンタガータは21世紀を祝してディアブロの最終バージョンとなるモデルを、2000年のデトロイト・モーターショーで披露する。アウディの若きデザイナー、リュック・ドンケルヴォルケが手掛けたマスク以外、エクステリアは1999年モデルとたいして変わらなかったが、技術面では進化がみられた。

ボディの大部分はカーボンファイバー製で、シャシーにも複合素材が多く使われている。サスペンションに最新の電子制御システムが搭載されてダンピングが良くなり、フロントトレッドが拡大されたことで、安定性、グリップ力ともに高められた。また、ステアリングの真下から右側にペダルがオフセットされたことで、ドライバーの足下に余裕が生まれ、ドライビング・ポジションが改善された。

ディアブロ6.0のインテリアは、インテリアパネルとパーツ類にカーボンファイバーが多用されている。ステアリングホイールはまったく新しいデザインのものに変わったほか、インストルメントパネルもセンターコンソールも一新された。また、オートエアコンも装

ワイドになった
フロント

フロントトレッドが数ミリ拡大されたことで、走行安定性が高まった。同時に、室内の足下にスペースが生まれ、運転しやすくなっている。フェンダーが広がり、左右に突き出たようになったことで、ボディサイドの絞りが強調された。ホイールはいつもの、とても美しい18インチ。

テクニカルデータ
ディアブロ6.0
(2000)

【エンジン】＊形式：60度V型12気筒／ミドシップ縦置き ＊タイミングシステム：DOHC／4バルブ 可変バルブタイミング機構付き ＊燃料供給：電子制御インジェクション ランボルギーニL.I.E. ツイン・キャタライザー ＊総排気量：5992cc ＊ボア×ストローク：87.0×84.0mm ＊最高出力：550ps／7100rpm ＊最大トルク：620Nm／5500rpm ＊圧縮比：10.7：1

【駆動系統】＊駆動方式：4WD ＊変速機：5段 ＊クラッチ：乾式単板 ビスカスカップリングLSD／最大駆動配分：(前)25％ (後)45％ ＊タイア：(前)235/35ZR18 (後)335/30ZR18

【シャシー／ボディ】＊形式：チューブラーフレーム／2ドア・クーペ ＊乗車定員：2名 ＊サスペンション：(前)ダブルウィッシュボーン／コイル, 電子制御ダンパー スタビライザー (後)ダブルウィッシュボーン／コイル, 電子制御ツイン・ダンパー スタビライザー ＊ブレーキ：ベンチレーテッド・ディスク ＊ステアリング：ラック・ピニオン（パワーアシスト）

【寸法／重量】＊ホイールベース：2650mm ＊トレッド：(前)1610mm (後)1670mm ＊全長×全幅×全高：4470×2040×1105mm ＊重量：1625kg

【性能】＊最高速度：325km/h ＊発進加速（0－100km/h）：3.9秒

備されている。

この6ℓV12エンジンの最高出力は550ps／7100rpm、最大トルクはなんと620Nm／5500rpmにも達する。その恩恵で、低速域からドライビングを楽しむことが可能だ。

このモデルにも、それまでのディアブロで採用されていた可変吸気システムが備わっているが、今回からCPUが32ビット化され、ソフトウェアが新しくなった。また、エグゾーストについてはすでにGTで試されたエグゾースト・ノイズ・コントロール・システムが採用されている。

実際のところ、ディアブロ6.0はVTをよりモダーンにしたモデルといえるだろう。デトロイトでのデビューから1年後の2001年、ランボルギーニは6.0スペシャル・エディションを用意する。このニューバージョンはジュネーヴ・ショーで登場したのだが、限定モデルであり、ボディカラーはオロ・エリオス（ゴールド）とマローネ・エクリプシス（ブラウン）という、夜明けと日没をテーマにした2色のみだった。それぞれ20台ずつ、このゴールドとブラウンにペイントされ、合計40台が生産された。

性能については変わりなかったが、SEの室内は豪華になり、ボディカラーと同色のレザーがふんだんに使われている。シフトレバーはチタン製で、エンジン周辺にはマグネシウムも使用された。

ニュー・ディール

ディアブロの最終モデルに施されたエクステリアのモディファイはわずかにもかかわらず、よりモダーンな個性を引き出した。大きなエアインテークとヘッドライトがフェイスをコンパクトに見せる一方で、リアの印象は軽くなったが、強いインパクトを保っている。これは、テールライトと中央に配置されたエグゾーストパイプのおかげだろう。

左：コクピット（エアバッグ付きの新しいステアリングホイール）の様子。シフトレバーの横にはサスペンション調整用のスイッチが並ぶ。168ページは6ℓエンジンと、2001年のジュネーヴ・ショーで登場したディアブロ6.0SE。

ムルシエラゴ 2001〜

アグレッシヴ
ムルシエラゴのデザインはダイナミズムの塊。ただ停まっているだけでも、この印象は変わらない。このクルマを手掛けたリュック・ドンケルヴォルケは、リアエグゾースト形状に関して、最終決定までに何種類かの異なるタイプをテストした（上はデザイン画）。

　アウディの傘下となってから初めて誕生したGTは、コードネームをL147という。ザガート、イデア、ベルトーネからのデザイン・プロポーザルを慎重に検討した結果、ベルトーネ案が採用されたが、しかしこのコラボレーションは短期間に終わった。というのも、結局はアウディの社内デザイナー、リュック・ドンケルヴォルケが手掛けることになったからだ。

　L147のデザインは、最初からある程度、サイズやパッケージングの面で制約があった。たとえばエンジンについていえば、いつもながらのV12ユニットの潤滑はドライサンプになる予定だったためにエンジン高が50mm低くなり、したがってこれだけ重心高が下がる、といった具合である。

　ドンケルヴォルケとサンタガータのスタッフの手によって完成した作品は、2001年9月7日の夜、幻想的な雰囲気を漂わせるシチリアはエトナの北側で披露される運びとなった。煙が立ち昇り風が舞うなか、200人の特別招待客は、ディアブロの後継であると同時に自動車界の最高峰に位置するモデル、ムルシエラゴの登場を待った（2日後にはランボルギーニ社主催の長い公式セレモニーがボローニャで

空力
ふたつのボリュームたっぷりのリア・エアアウトレットはV12が生み出す熱のために装着された。中央のツイン・エグゾーストパイプの装着はディアブロ6.0ですでに採用されたもの。

テクニカルデータ
ムルシエラゴ
(2001)

【エンジン】＊形式：60度V型12気筒／ミッドシップ縦置き ＊タイミングシステム：DOHC／4バルブ 可変バルブタイミング／可変吸気タイミング機構付き ＊燃料供給：電子制御インジェクション ツイン・キャタライザー ＊総排気量：6192cc ＊ボア×ストローク：87.0×86.8mm ＊最高出力：580ps／7500rpm ＊最大トルク：650Nm／5400rpm ＊圧縮比：10.7：1

【駆動系統】＊駆動方式：4WD ＊変速機：6段 ＊クラッチ：乾式単板 電子制御ビスカスカップリング LSD／最大駆動配分：(前)25％ (後)45％ ＊タイヤ：(前)245/35ZR18 (後)335/30ZR18

【シャシー／ボディ】＊形式：チューブラーフレーム／2ドア・クーペ ＊乗車定員：2名 ＊サスペンション：(前)ダブルウィッシュボーン／コイル，電子制御ダンパー スタビライザー (後)ダブルウィッシュボーン／コイル，電子制御ツイン・ダンパー スタビライザー ＊ブレーキ：ベンチレーテッド・ディスク／ABS ＊ステアリング：ラック・ピニオン(電子制御油圧パワーアシスト)

【寸法／重量】＊ホイールベース：2665mm ＊トレッド：(前)1635mm (後)1695mm ＊全長×全幅×全高：4580×2045×1135mm ＊重量：1650kg

【性能】＊最高速度：330km/h ＊発進加速(0-100km/h)：3.8秒

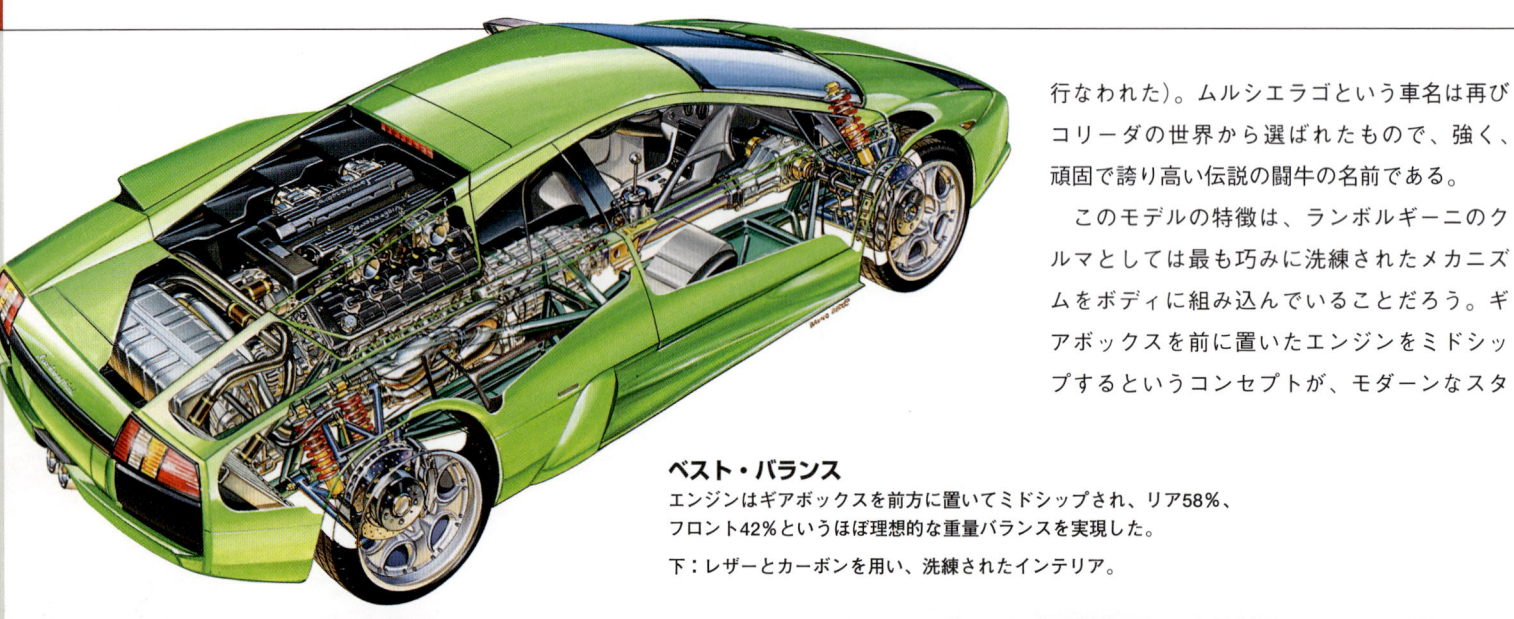

行なわれた)。ムルシエラゴという車名は再びコリーダの世界から選ばれたもので、強く、頑固で誇り高い伝説の闘牛の名前である。

　このモデルの特徴は、ランボルギーニのクルマとしては最も巧みに洗練されたメカニズムをボディに組み込んでいることだろう。ギアボックスを前に置いたエンジンをミッドシップするというコンセプトが、モダーンなスタ

ベスト・バランス
エンジンはギアボックスを前方に置いてミッドシップされ、リア58％、フロント42％というほぼ理想的な重量バランスを実現した。

下：レザーとカーボンを用い、洗練されたインテリア。

172　Quattroruote ● Passione Auto

イルというデザインに反映されている。ディアブロよりわずかながら全幅が拡大されているにもかかわらず、ムルシエラゴの印象はコンパクトだ。

　フロントマスクを特徴づけているのはふたつのエアインテークで、このふたつがリアの、やはりふたつのアウトレットと呼応しており、対を構える印象を与えている。サイドシル後

角度
ポップアップ式のドア。最新バージョンでは開閉角度が5度広がっている。

下：サイドのインテーク・フラップ。開く角度は20度まで。"ウィング"が上がったムルシエラゴをリアから眺めたもの。

Passione Auto • Quattroruote 173

ランボの記録

2002年2月16日土曜日、23時30分少し前。プーリア地方ナルドのテストトラックにて。黄色のムルシエラルゴ（ナンバーはBW 257 TY）が、生産モデルにおける3種類の世界最高速度を記録する。ランボルギーニのテストドライバー、26歳のジョルジョ・サンナがスタートから1時間内に走行した距離は305.041km。25周中22周の平均時速は320km/h以上。4ストローク、6ℓ以上の生産モデルとして最も速い記録だ。100kmと100マイルでも記録を達成、それぞれ平均速度320.023km/h／18分44.9秒と320.254 km/h／30分9秒。

方にもふたつのエアインテークが用意されているが、興味深いのはリアクォーターウィンドーの後ろにある、左右の台形のインテーク・フラップだろう。これは、冷却水の温度と外気温によって必要な場合に自動的に開口部を広げ、エンジンの冷却効果を最適に保つ。可変パーツはこればかりではない。エンジンフードと面一に格納されるリアスポイラーは、スピードによって3段階に起き上がる仕組みになっている。

安全性を考慮したことで、ルーフとドア以外はカーボンファイバー・パネルが採用されており、スチール製のドアは伝統的なポップアップ式となった。シャシーは高張力スチールのチューブラーフレームを基本に、カーボンファイバーを使った構造部材を組み合わせで、強度を高めている。6.2ℓエンジンは"モンスター"並みの最高出力580ps／7500rpmを誇る。最大トルクはなんと650Nm／5400rpmで、この強大なトルクの80％を2000rpmで生み出す。最高速度330km/h、発進加速（0－100km/h）3.8秒についてのコメントは、もはや不要だろう。

12気筒ユニットの新機軸といえば、ドライサンプのことはすでに記したが、ほかに可変インテークシステムはじめ、吸排気双方に作動する可変バルブタイミング・システム、電子制御スロットルまで採用されている。

脱着可能なステンレスリムのアルミホイールは18インチの5穴タイプだ。タイヤはピレリP ZEROロッソが奢られる。ディアブロVTに搭載されたトルクスプリット・システムがこのクルマにも採用され、前後のデフはそれぞれ25％、45％のロッキングファクターを持つ。

エクステリア・デザインはエレガントといってよいだろう。インテリアは広々とした快適な仕上がりで、インストルメントパネルの計器類は適切な場所に配置されている。2003年にはギアボックスに「E-ギア」が用意されたが、これはステアリングホイールのパドルを指先で操作することで即座にギアチェンジできる、優れものだった。

ムルシエラゴ インプレッション

「ミウラの末裔」「カウンタックの孫」「ディアブロの後継」 2002年9月号用のムルシエラゴ（アクセントは"エ"に！）のテストを前に気持ちを高めるためには、これくらい並べれば充分だろう。もちろん、高まった気持ちをこのクルマが裏切るようなことはない。
「"ランボ"のことを少しでも知っている人間がこのクルマに乗れば、すぐに、『ああ、ランボだ』と感じるはずである。良くも悪くも──だ」
ディテールから始めよう。まずはドライビング・ポジションからだ。誰にでもぴったりくる位置を見つけることが可能なステアリングホイールだが、細かいことをいえば、ペダルとシートとステアリングホイール、そしてディアブロのそれに比べればいくらか控えめだが、大きなセンタートンネルの配置が少々問題ではある。
コクピットのそこここに漂う"ハンドメイド"感覚は悪くない。いずれも質は高いのだが、（トンネル上という）ハザードの位置は少々不便だ。エアコンはとてもいい。後方視

ロードテストが盛りだくさん

2002年9月号の『クアトロルオーテ』には7つのテストが掲載されている。シュコダ・スパーブ、ホンダ・シビック1.7CTDi、アルファ・ロメオ156GTA、オペル・コルサ1.0、ランドローバー・ディスカバリー、スズキ・アルト、そしてムルシエラゴ。パリ・サロンではシトロエン・プルリエール、フェラーリ・エンツォ、VWニュービートル・カブリオ、フォード・フィエスタ3ドア、オペル・メリーバがデビューした。

Passione Auto • Quattroruote 175

優れたバランス

四輪駆動と、優れた重量配分がムルシエラゴの強み。トラクションコントロールのおかげで緊急回避も難しくない。

界について、特にスリー・クォーターのあたりはほとんど見えず、バックするときにはカウンタックのようにドアを開けて行なったほうがいいとアドバイスしているが、しかしそんなことはこのクルマにとってはたいした問題ではないのだ。このクルマを見極めるには路上にでなければ意味がない。いや、サーキットでもいい。

「サンタガータの製品は"日常"の足にもなるし、低回転で6速を"キープ"することもできる」とはいうものの、ムルシエラゴは日常の足とされるクルマとはかなり異なる。それどころか、ムルシエラゴの限界を知るには、広々とした混み合っていない空間が必要だ。たとえば、ヴァイラーノ・サーキットである。ムルシエラゴが「無限の可能性をみせ、スピードメーターの針が、口にすることがはばかられる数字を示したとしても、勇気さえあればスロットルを踏みつづけてかまわない」というような、そんな場所が必要なのだ。「このとき、スピードメーターの針は息が止まるような速さで上がっていく」

コーナーへの進入は速い。アンダーステア気味に設定されているが、これはステアリングとスロットルを上手に使いながら"遊ぶ"ことによって調整可能だ。限界がわかりやすいクルマなのである。過剰に加速しながらコーナーを抜けようとすると、リアははっきりと外へ逃げようとするが、心配するほどのことはない。立て直しは充分可能なレベルだ。ステアリングで調整すればいい。このような現象はハイスピードのときばかりに起きるわけではなく、この"遊び"は忘れられない瞬間になるだろう。

PERFORMANCES

最高速度	km/h
	327.954

発進加速

速度 (km/h)	時間 (秒)
0—60	2.1
0—100	3.9
0—120	5.1
0—140	6.4
0—160	8.2
0—180	10.1
0—200	12.4
0—220	15.1
0—240	18.4
0—250	20.5
停止—400m	12.0
停止—1km	21.5

追越加速（6速使用時）

速度 (km/h)	時間 (秒)
70—100	5.1
70—120	8.3
70—160	14.9
70—180	18.3
70—200	21.5
70—220	25.1

制動力

初速 (km/h)	制動距離 (m)
60	13.4
100	37.1
130	62.7
160	95.1
180	120.3
200	148.5
220	179.5

ガヤルド 2003〜

戦闘機のように
スポイラー脇のふたつのエアインテークが目印のガヤルドのデザインは、ムルシエラゴとの姉妹関係をはっきり示している。ムルシエラゴのそれに比べると、ガヤルドのヘッドライトは細く縦長で、大きなフロントスクリーンはムルシエラゴより角張っている。いずれも戦闘機からインスピレーションを得たものだが、テールライトに比して、フロントのそれはデリケートに見える。

1990年代半ば、イタルデザインはランボルギーニでカラを創りだした。このクルマは言ってみれば"パイロットモデル"だったのかもしれない。ランボルギーニは特殊なセグメント、高性能と高品質を保ちながらもメカニカル面ではトップの少し下のモデルに位置するクルマを、イタルデザインに託すことにしたのである。

ここで12気筒の可能性は排除された。サンタガータばかりでなく、世界のスポーツカーメーカーにとっても12気筒は"宝"であったが、一方で"フツウの"8気筒はライバルたちが目白押しだ。それでV10が採用されたのだが、これはカラに採用されたのと同じ形式だった。

ファブリツィオ・ジウジアーロがスケッチを描いたが、最終的にはアウディからすでにランボルギーニ・デザイン・センターに仕事場を移していたリュック・ドンケルヴォルケがまとめた。こうして彼の手に渡ることで、2001年に彼が手掛けたムルシエラゴと同じエッセンスをこのクルマに持ち込むことができるというわけだ。

これまででは考えられないことだが、ランボルギーニはこのモデルをデビューさせることになっていた2003年のジュネーヴ・ショーの、なんと3ヵ月も前（2002年12月18日）に、この長いこと待ち望まれていた"ベイビー"（ランボルギーニのモデルでこんなふうに呼ば

エンジンが見えます
リアには小さいながらもドライバーにとってはありがたい、横長のウィンドーが備えられている。オプションでエンジンを覆うクリアカバーが用意された。これを装着することによってエンジンが外から見えるようになる。

テクニカルデータ
ガヤルドE-ギア（2003）

【エンジン】＊形式：60度V型10気筒／ミドシップ縦置き ＊タイミングシステム：DOHC／4バルブ 可変バルブタイミング／可変吸気タイミング機構付き ＊燃料供給：電子制御インジェクション ツイン・キャタライザー ＊総排気量：4961cc ＊ボア×ストローク：82.5×92.8mm ＊最高出力：500ps／7800rpm ＊最大トルク：510Nm／4500rpm ＊圧縮比：11.0：1

【駆動系統】＊駆動方式：RWD ＊変速機：電子制御式6段（ATモード付き） ＊クラッチ：乾式単板 LSD（45％） ESP ＊タイヤ：（前）235/35ZR19（後）295/30 ZR19

【シャシー／ボディ】＊形式：アルミニウム製スペースフレーム／2ドア・クーペ ＊乗車定員：2名 ＊サスペンション：（前）ダブルウィッシュボーン／コイル，電子制御ダンパー スタビライザー （後）ダブルウィッシュボーン／コイル，電子制御ツイン・ダンパー スタビライザー ＊ブレーキ：ベンチレーテッド・ディスク／ABS ESP ＊ステアリング：ラック・ピニオン（パワーアシスト）

【寸法／重量】＊ホイールベース：2560mm ＊トレッド：（前）1622mm （後）1592mm ＊全長×全幅×全高：4300×1900×1165mm ＊重量：1430kg

【性能】＊最高速度：309km/h ＊発進加速（0－100km/h）：4.2秒

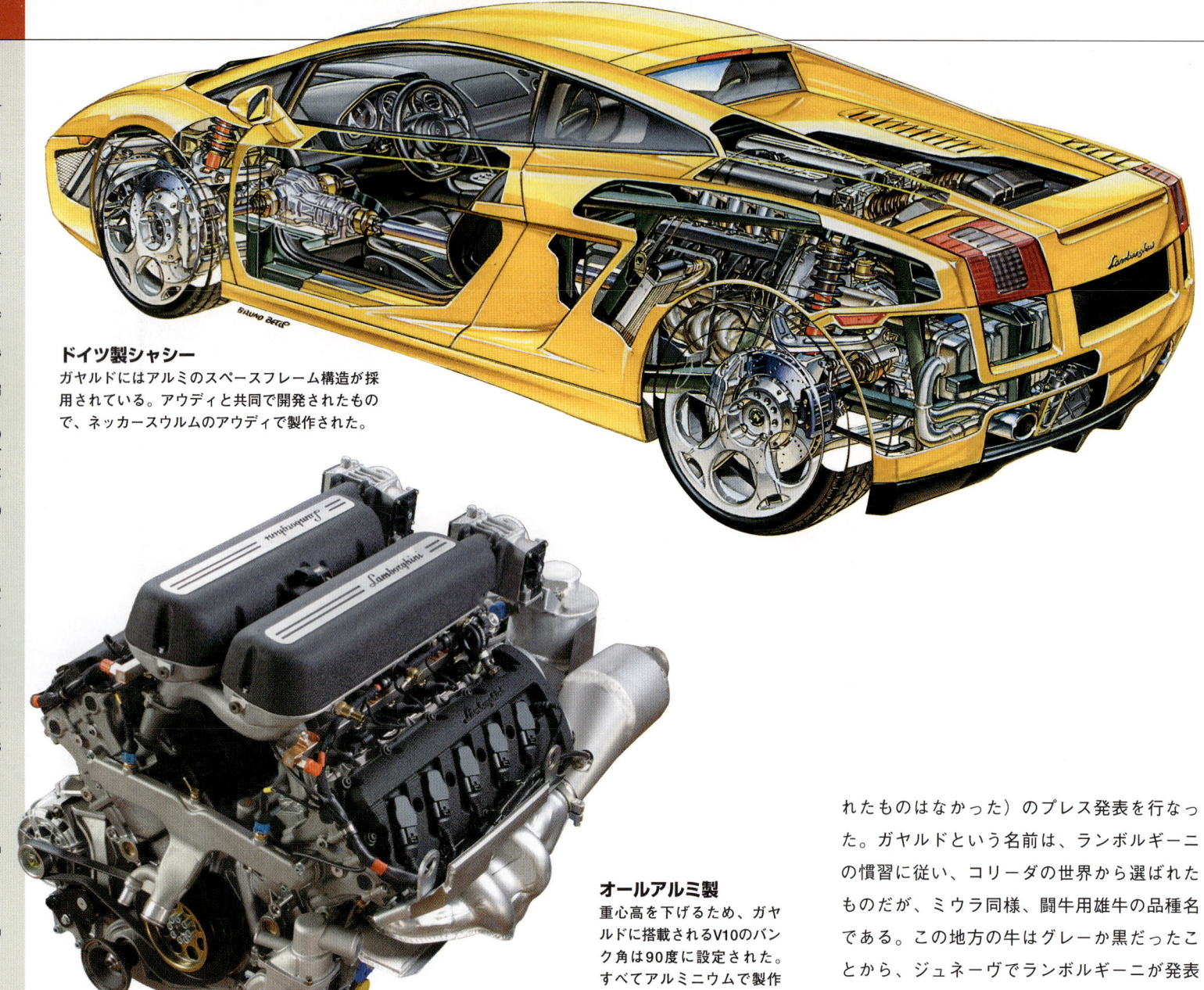

ドイツ製シャシー
ガヤルドにはアルミのスペースフレーム構造が採用されている。アウディと共同で開発されたもので、ネッカースウルムのアウディで製作された。

オールアルミ製
重心高を下げるため、ガヤルドに搭載されるV10のバンク角は90度に設定された。すべてアルミニウムで製作されている。

れたものはなかった）のプレス発表を行なった。ガヤルドという名前は、ランボルギーニの慣習に従い、コリーダの世界から選ばれたものだが、ミウラ同様、闘牛用雄牛の品種名である。この地方の牛はグレーか黒だったことから、ジュネーヴでランボルギーニが発表した2台のクルマのうち1台は黒にペイントさ

れた。もう1台はランボルギーニのオフィシャル・カラーともいえるイエローであった。

　賞賛の嵐だった。新しいGTは非常にコンパクトにまとまっており、ムルシエラゴより全長で280mm短く、車幅で140mm狭い。ホイールベースは100mm短縮されている。つまり、このクルマはマッチョでアグレッシヴだったが、それでいてラインはシャープだった。

　ジャルパの生産終了から15年を経て、久しぶりに12気筒のクルマに採用されたポップアップ式ではない、コンベンショナルなドアを持つランボルギーニが登場し、ポップアップ式は12気筒モデル専用とされた。ガヤルドに搭載された5ℓのニューV10は、何年か前にアウディのグループ傘下に入った、小さいながらもその名を知られたコスワースと協力して開発されたものである。バンク角はエンジン搭載位置を低くするために72度ではなく90度にされたが、ドライサンプ式にしたこともエンジン高、つまり重心高を低くするためだったのだろう。

　サンタガータで製作された（一部はハンガリー・ギョールのアウディ工場で製作された）オールアルミ・エンジンは、インテーク、エグゾーストともに電子制御可変バルブタイミングシステムを持つ。シャシーの剛性を高めるためにアルミニウム成型パーツにキャストアルミニウム接合部品を溶接したスペースフレームが採用されているが、これはドイツ・

パドルシフト
ガヤルドのギアボックスは6段マニュアルが基本だが、E-ギアというシステムもオプションで用意されている。これはステアリングコラムに設けられたパドルでシフトするものだが、センターコンソール上のスイッチで（下）、ノーマル／スポーツ／オートの3モードのいずれかをセレクトすることができる。ステアリングホイールの下の部分がカットされたかのようにフラットになっているが、これはレーシングカーの手法で、乗降性を高めるものだ。

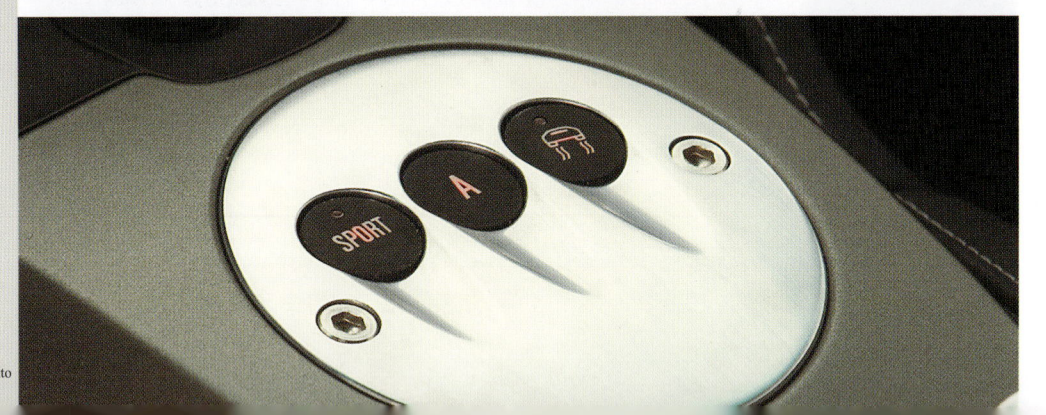

ネッカースウルムのアウディで製作されたものだ。

　最大出力500ps／7800rpmという数値にもかかわらず、クルマの安定性は高く、コントロール不能な状態に陥ることはない。それは、四輪駆動であるということも要因のひとつだが、ディアブロVTに採用されたビスカスカップリングによるところが大きい。ガヤルドでは、後輪がトラクションを失った場合、前輪に伝えられるのはトルクの最大80％である。また、このクルマにはコニが開発した減衰力可変ダンパーが搭載され、路面の状態に合った減衰力が自動的にセレクトされる。ESP（電子制御スタビリティプログラム）も備わり、そのオン／オフはダッシュボード上のスイッチで行なう。そのほか、E-ギアと呼ばれるセミオートマチックがオプションで用意され、ステアリングコラムに設けられたパドルでシフト操作できるうえ、オートモード／ノーマルモード／スポーツモードに切り替えることも可能である。

　このようなさまざまなシステムを搭載したガヤルドの最大トルクは510Nm／4500rpmである（トルクの80％を1500rpmで生み出す）。性能は最高速度（309km/h）、発進加速（0－100km/h：4.2秒／0－200km/h：13.8秒）ともにすばらしい。

　デザインの話に戻ると、この"ベイビー"GTの短く下がったマスクはムルシエラゴのそ

れと似ているが、よりシャープになったヘッドライトの形状が個性を感じさせる。サイドプロフィールは姉・ムルシエラゴとはかなり異なり、エンジンとリアブレーキを冷却する深いエアインテークが目に留まる。リアエンドを見てみると、エグゾーストパイプがそれぞれ脇に配置されており、オプションでエンジンフードを覆うクリアカバーが用意され、この10気筒を見せつけたいと考えるエンスージアストを喜ばせた。

警察のスプリンター

　2004年5月、イタリア交通警察の歴史に新たな1ページが加わった。ランボルギーニがアウトストラーダ用のパトカーにガヤルドを寄贈し、悪名高いアウトストラーダA3、サレルノーレッジョ・カラブリア間でブルーと白にペイントされた"ランボ"が活躍することになったのだ。歴史的にみると、1960年代にローマの機動隊にフェラーリが寄贈されている。ガヤルドの場合はそのスピードを利用して、ナンバーから持ち主を割り出すシステム付きのコンピューターと除細動器（心臓蘇生装置）を搭載し、交通警察の用途のほか、血液や移植臓器の救急運搬用としても使われている。

コンベンショナル
ポップアップ式のドアに慣れていたこともあって、ガヤルドの発表会ではドアが通常のタイプであることは大きなニュースだった。どうやら、ガルウィングはV12エンジンを搭載したモデル専用であるらしい。いっぽう、サンタガータの"ベイビー"専用なのは19インチ・ホイールだろう。

Passione Auto • Quattroruote 183

ガヤルド インプレッション

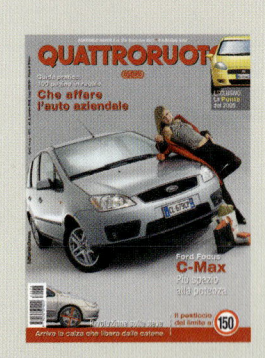

「トーロ・ランパンテ」『クアトロルオーテ』2003年12月号の196ページに掲載された、ガヤルドのテストのタイトルだ。もちろんこのタイトルは、ランボルギーニの永遠のライバルからとったものである。

「500ps、ミリ単位の正確さ——エンスージアスティックなガヤルドは、マラネロを脅かす恐るべき武器になる」これこそ最新のランボルギーニGTをテストしたジャーナリストが記すリポートのテーマだった。

「たとえガヤルドが、高い性能と扱いやすさというふたつの顔を併せ持つフェラーリ360モデナをライバルにしていることが明白であっても、それを証明することは難しい」この手のクルマではエンスージアストにとっては性能が第一で、使い勝手は二の次だからだ。

「2000rpmで気になるバイブレーションがある。しかし、10気筒ユニットをレブリミッタ

クリスマスプレゼント

ガヤルドのテストは2003年12月号に掲載された。表紙はフォード・フォーカスC-MAX。アルファ166のほか、フィアット・イデア対オペル・メリーバ、トヨタRAV4、ランドローバー・フリーランダー、マツダ2、オペル・コルサのテストが掲載された。ニュースはアルファGT、ランチア・フルヴィア・クーペのプロトタイプ、メルセデスSLR。

ーの作動するところまで回しても、クルマのキャラクターは豹変することがない。操縦性は非常にいいが、フェラーリの8気筒、12気筒と比べると、この10気筒で劣るのはエモーションだろう」

いずれにしても5ℓ "ランボ" は、パヴィアのヴァイラーノにあるクアトロルオーテのサーキットで "平然と" 記録を打ち立てた。

「この500馬力マシーンは加速が飛び抜けていい。これは優秀なギアボックスのおかげでもある。シフトチェンジがすばやくできる。なにより、シフトアップでもシフトダウンでもまったく問題がないのだ」エンジン、ギアボックス、正確なステアリングに加え、ブレーキは五つ星で、平均減速Gは1.07だった。

ヴァイラーノのハンドリング・コースでの計測結果は歴代2位（トップは2002年にポルシェ911GT2が打ち立てた1分18秒992）の座に着いた。ガヤルドは非常に速く（平均速度116.1km/h）、GT2との差はわずか0.4秒だった。性能面では、"ベイビー・ランボルギーニ" はスーパーカーの頂点に立つ。

他の部分はどうだろう。ドライビング・ポジションにも最高点が与えられた。まさにスポーツカーにふさわしいポジションで、腕と足がすっきり伸びる。ステアリングホイール（チルト／テレスコピック調節可能）にしても、電動調節機能の付いたシートにしても、誰もが自分に合ったポジションを見つけることができるだろう。

インストルメントパネルも五つ星だ。ドライバーの前に並ぶメーター類も、センターコンソールの上部に設けられたスイッチ類、オンボード・コンピューターも使い勝手がいい。

スタビリティもベストだった。「安全である、という感覚がドライバーにダイレクトに伝わってくる。これはESPによるところも大きい」加速時の最大Gは1.14を記録した。

つまり、ガヤルドは最高点でクアトロルオーテのテストに合格したということだ。ただ

マキシマム・スピード
クアトロルオーテのテストのなかで、ガヤルドは6速／8050rpmで309.635km/hを記録した。

し、燃費については星を付けることはできなかった。平均で5〜6km/ℓの数値だったが、これは普通に走ったときの燃費で、いったん加速を決意すると燃費は一気に半分に落ちる。燃料タンクの容量は90ℓあるから、まあ安心ではあるかもしれない。翻って、合格点ぎりぎりだったのは92ℓのトランクスペースだ。そして2年の保証期間も、このクラスのクルマの適正な年数とは言いがたい。汚名を頂戴したのはパーキング・センサーがないことだった（オプションでも見当たらない）。たとえほかのスーパーカーに比べれば後方視界はいいほうだとしても、ぜひとも欲しいところだ。

ガヤルドのテストはまだ続く。こういう独特なクルマではテストすべきことには終わりがないのだ。

スペシャル・スラローム

2004年4月、クアトロルオーテは四輪駆動車の雪上インプレッションを企画したが、その中にはガヤルドの名前もあった。こんなスーパーカーを一面の銀世界でドライブするなど、誰が想像できるだろう。

ガヤルドはスタッドレスタイア（ピレリ・ソットゼロ）を履き、トレント地方のフォルガリアを走る。サーキットというより、氷の板上を"ベイビー・ランボ"は走ったのだ。最初の何周かは慎重に走っていたが（ESPオン）、次第にテストドライバーは大胆になっていく。「走行条件は良くないにもかかわらず、ドライビングはそんなに難しくなかった。もちろん、最新装置のサポートがあってこそ、だが」スピードが上がり、ドライビングミスによってリアクションに問題が生じると、トラクション・コントロールがきちんとサポートしてくれる。駆動力は必要とされている場所に変動し、ABSがロックを防ぐ。シートのサイドサポートが体を保護し、ドライビングを助ける。「電子デバイスを含め、クルマ全体がすべての動きをコントロールするおかげで、このパワーにもかかわらず、ガヤルドは雪の上でもドライビングが楽しいクルマに仕上がっている」もちろんESPのあるなしでは事態はずいぶん変わることを頭に入れておくべきだろう。サーキット以外ではESPを必ずオンにしておくこと、これがアドバイスだ。

PERFORMANCES

最高速度	km/h
	309.635

発進加速

速度 (km/h)	時間 (秒)
0–60	2.3
0–100	4.2
0–120	5.6
0–130	6.5
0–140	7.4
0–160	9.1
0–180	11.4
0–200	13.8
0–220	17.0
0–240	21.1
0–250	23.3
停止–400m	12.4
停止–1km	22.2

追越加速 (6速使用時)

速度 (km/h)	時間 (秒)
70–80	1.9
70–100	5.1
70–120	8.6
70–130	10.3
70–160	14.9
70–180	18.0
70–200	21.7

制動力 (ABS)

初速 (km/h)	制動距離 (m)
60	13.2
100	36.8
130	62.1
160	94.1
180	119.1
200	147.1
210	162.2

五つ星
ガヤルドは多くのテストで最高点を採った。もっとも優れていたのは発進加速(ガヤルドは0-200km/hで360モデナに1.4秒の差をつけたが、911GT2には逆に0.4秒の差をつけられた)と追越加速であった。ブレーキ性能は高く、サーキットで激しく使用したときのみ、ペダル・ストロークがわずかながら伸びる。

ムルシエラゴ・ロードスター 2004〜

ディテール
ムルシエラゴ・ロードスターに採用された新しいホイールは、5穴タイプのすばらしいデザイン。右はパンチングホールタイプ・レザーのドライバーズシート。

デビューから3年後、ランボルギーニ新時代のフラッグシップ、ムルシエラゴにオープンモデルが追加される。デザインスタディではなく、ノーマルモデルと肩を並べ、リストに加わったのである。

2004年のジュネーヴ・ショーにおける公式デビューを前に、ランボルギーニはこのクルマをデトロイトに持ち込んだ。年初に開催されたデトロイト・ショーに黄色(ジュネーヴでは黒)のムルシエラゴ・ロードスターがプロトタイプの形で紹介されたのだ。

評判はすばらしかった。イタリアン・スーパースポーツのオープンカーが愛されるアメリカならではの評価といえ、このショーですでに130台のオーダーが入ったのだ。

個性的なデザインとハイパフォーマンスを併せ持つムルシエラゴだが、この特徴はロードスターとなっても受け継がれている。

デザインを手掛けたのはリュック・ドンケルヴォルケである。押しの強いデザインのクーペは、センターに配置された2本の太いエグ

マッチョ
リュック・ドンケルヴォルケが力を注いだのはエンジンフード。ヘッドレジスタントの三角形の部分は流線型になっている。リアを見ると、テールライト、エアインテーク、中央に2本出しの太いエグゾーストが、クーペよりさらに大きなサイズになっているのがわかる。

ゾーストパイプと専用のホイールがマッチョな雰囲気を強調しているが、ロードスターでもこの性格を受け継ぐために、単に屋根をカットするといった単純な作業に留まることなく、たとえばデザイン面に加え、技術、空力、安全性に重要な役割を果たすエンジンフードに手が加えられた。安全性についていえば、乗員の頭部を保護するために三角形のプロテクターが設置され、ロールオーバー・クラッシュ時に瞬時に跳ね上がるロールバーも装備されている。

屋根のないクルマということでシャシーも強化されているが、ピラーのみといった一部の変更に留まらず、ロードスターでも580psというありあまるパワーを存分に生かせるように、構造全体に見直しが図られている。エンジンルーム内の補強には、オプションでカーボンブレースを装着することが可能で、これ

ブラック・タイ
濃いめのボディカラーはムルシエラゴ・ロードスターのアグレッシヴなキャラクターを際立たせる。右はアメリカ用モデル（サイドマーカーが特徴）、2004年ジュネーヴ・ショーでデビューしたもの。室内はレザーとアルカンタラでまとめられている。クローム・ホイール（アメリカで人気を博した）はオプション。

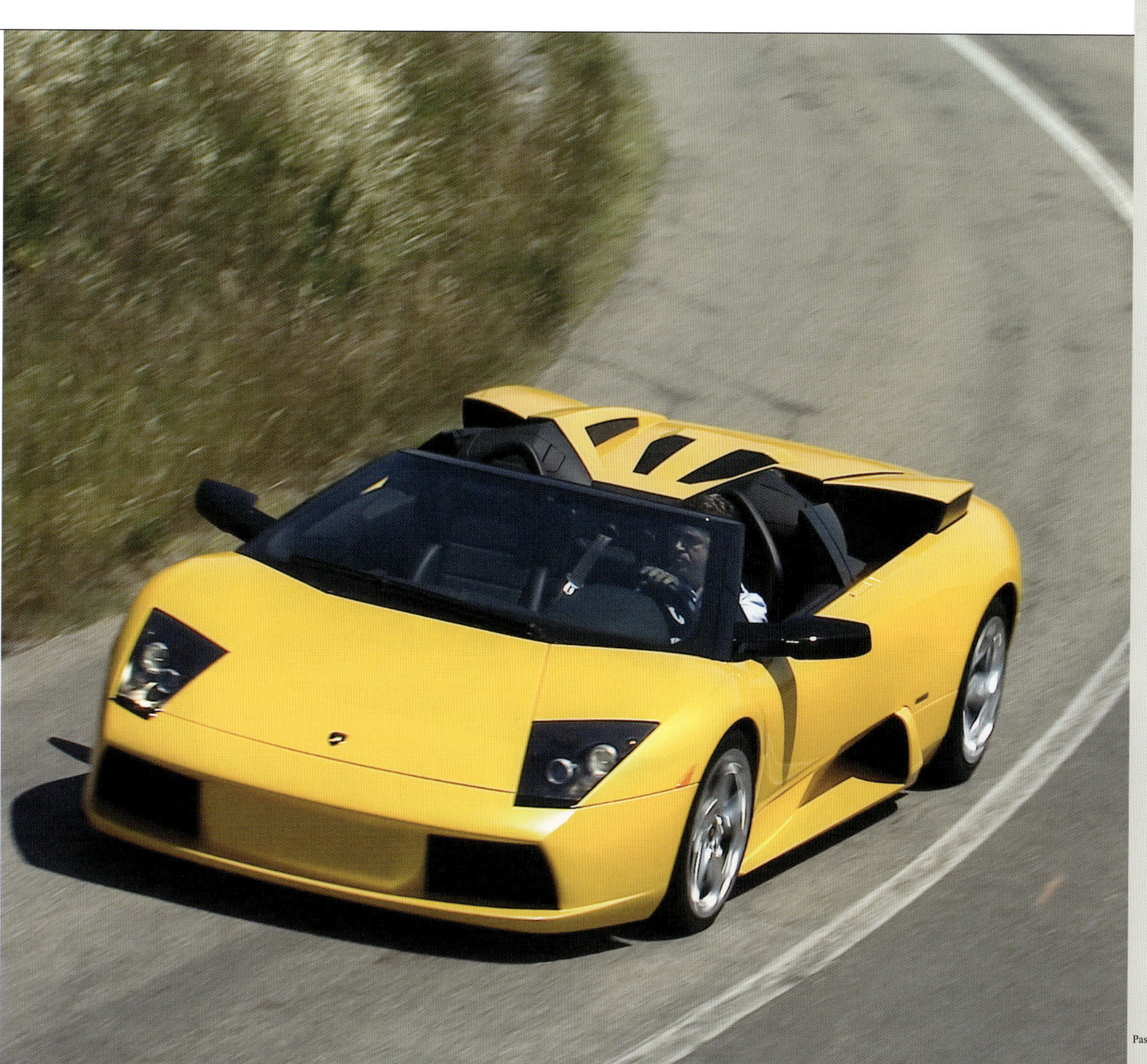

テクニカルデータ
ムルシエラゴ ロードスター(2004)

【エンジン】 *形式：60度V型12気筒／ミドシップ縦置き *タイミングシステム：DOHC／4バルブ 可変バルブタイミング／可変吸気タイミング機構付き *燃料供給：電子制御インジェクション ツイン・キャタライザー *総排気量：6192cc *ボア×ストローク：87.0×86.8mm *最高出力：580ps／7500rpm *最大トルク：650Nm／5400rpm *圧縮比：10.7：1

【駆動系統】 *駆動方式：4WD *変速機：6段 *クラッチ：乾式単板 電子制御ビスカスカップリング LSD／最大駆動配分：(前)25% (後)45% *タイヤ：(前)245/35ZR18 (後)335/30ZR18

【シャシー／ボディ】 *形式：チューブラーフレーム／2ドア・ロードスター *乗車定員：2名 *サスペンション：(前)ダブルウィッシュボーン／コイル，電子制御ダンパー スタビライザー (後)ダブルウィッシュボーン／コイル，電子制御ツイン・ダンパー スタビライザー *ブレーキ：ベンチレーテッド・ディスク／ABS *ステアリング：ラック・ピニオン（パワーアシスト）

【寸法／重量】 *ホイールベース：2665mm *トレッド：(前)1635mm (後)1695mm *全長×全幅×全高：4580×2045×1132mm *重量：1665kg

【性能】 *最高速度：320km/h *発進加速（0－100km/h）：3.8秒

イン・ザ・ケージ
ほかのスパイダー同様、ムルシエラゴ・ロードスターもまた、ボディ剛性が強化されている。エンジンルーム内の補強にはケージ・ブレースが用いられ、これによってリアトレーンが強化された。標準装備はスチール製だが、オプションでは写真のカーボンファイバー製のものが用意された。

下：スリー・クォーター・ビューからだとフロントスクリーンの傾斜がよくわかる。写真はサイドのエアフラップが最大に開いた瞬間だが、これはマニュアルでも開くことができる。

によってリアトレーン全体が強化されることになる。

　ロードスターでもクーペと同レベルのハンドリングが保証されている。もちろん、これにはビスカスカップリングの存在も大きい。ボディサイズ（クーペより70mm低くなった全高以外）、性能ともにクーペと変わらないが、空力の影響で最高速度のみ10km/hほど劣る320km/hという数値である。

　また、エンジンフードのモディファイによ

ってシートの形状が変わった。三角のヘッドレジスタントが付き、少し斜めを向くスタイルになっている。シートの中央部分にはアルカンタラが使用されているが、ドライバーズシートの側面にのみ、パンチングホールタイプの革が採用されている。これは、ドライバーの体から発せられる熱を放出するための配慮だ。コクピットのデザインはクーペのそれと同じだが、オプションで用意されているE-ギアを選ぶと、ステアリングホイールの後ろ側にふたつの"耳"、すなわちパドルシフトが備わる。

ムルシエラゴ・ロードスターは"バルケッタ"に近いオープンカーで、ソフトトップは非常に軽量だが（160km/h以上では使用できない）、これを装着するのはかなり面倒だ。

アグレッシヴ
エンジンフードのデザインがクルマにアグレッシヴなイメージを与えている。サイドミラーは大きく外側に張り出し、フロントよりワイドなリアを確認するのに役立つ。

コンセプト S 2005

**スモール
プロテクション**

コンセプトSには通常のフロントウィンドーは装着されていない。"ソートゥ・ベント（フランス語で風がふきあがるの意味)"と呼ばれる、風がドライバー当たらないように工夫されたスクリーンが採用されている。デザインはユニーク、奇抜、そして壮観だ。過去のクラシカルなシングルシーターのレーシングマシーンにヒントを得たという。ハードウェアはガヤルドのもの。

2005年ジュネーヴ・ショーにて、ランボルギーニのコンセプトカー降臨——クーペとロードスターを揃えたムルシエラゴからガヤルドへという、ランボルギーニの新時代の流れで足りなかったスパイダーの登場だ。実際のところ、このスイスの自動車ショーに運ばれたモデルのハードウェアはガヤルドからの流用だったが、このコンセプトSと名づけられたモデルはデザインスタディであり、純粋なプロトタイプである。

デザインはサンタガータ・ボロネーゼのデザインセンターのチーフ、すっかり有名になったドンケルヴォルケだったが、2004年のデトロイトで披露されたムルシエラゴ・ロードスターよりも思い切った決断をみせている。

ムルシエラゴ・ロードスターは生産モデルとして充分に通用するスタイルでデトロイトに登場したが（2ヵ月後のジュネーヴでは、実際そうなった）、コンセプトSはすぐに生産に入ることができるものではなかった。

コクピットはオリジナリティに富んだもので、商業化は難しそうである。もちろんレースに応じてにシングルシーター、もしくは2シーターのスパイダーにモディファイされたかつてのレーシングカーからヒントを得ていることに間違いないが、最終的にこのベルギー人デザイナーが選んだのは奇抜なオープンカーだった。

コンセプトSでは、ドライバーとコ・ドライバーにそれぞれ自身のスペースを与えられている。いずれも完全に独立しており、互いに干渉できないようになっている。サイドウィンドーにつながるフロントのスクリーンによって（ウィンドーと呼べるほどのものではない）、キャビンがふたつに分割されているのだ。フリースペースとなったキャビンの間にはエンジンにエアを導入するインレットが用意され、リアビュー・ミラーが配置された。フロントとリアにはスポイラーが装着されているが、フロントのチンスポイラーは大きく、一方でリアのスポイラーは可変タイプだ。

空力を考慮してシャープなフォームのロールバーが採用されているが、まるで小さなウィングのようで、今にも飛んでいきそうな、そんな雰囲気をこのクルマに与えている。

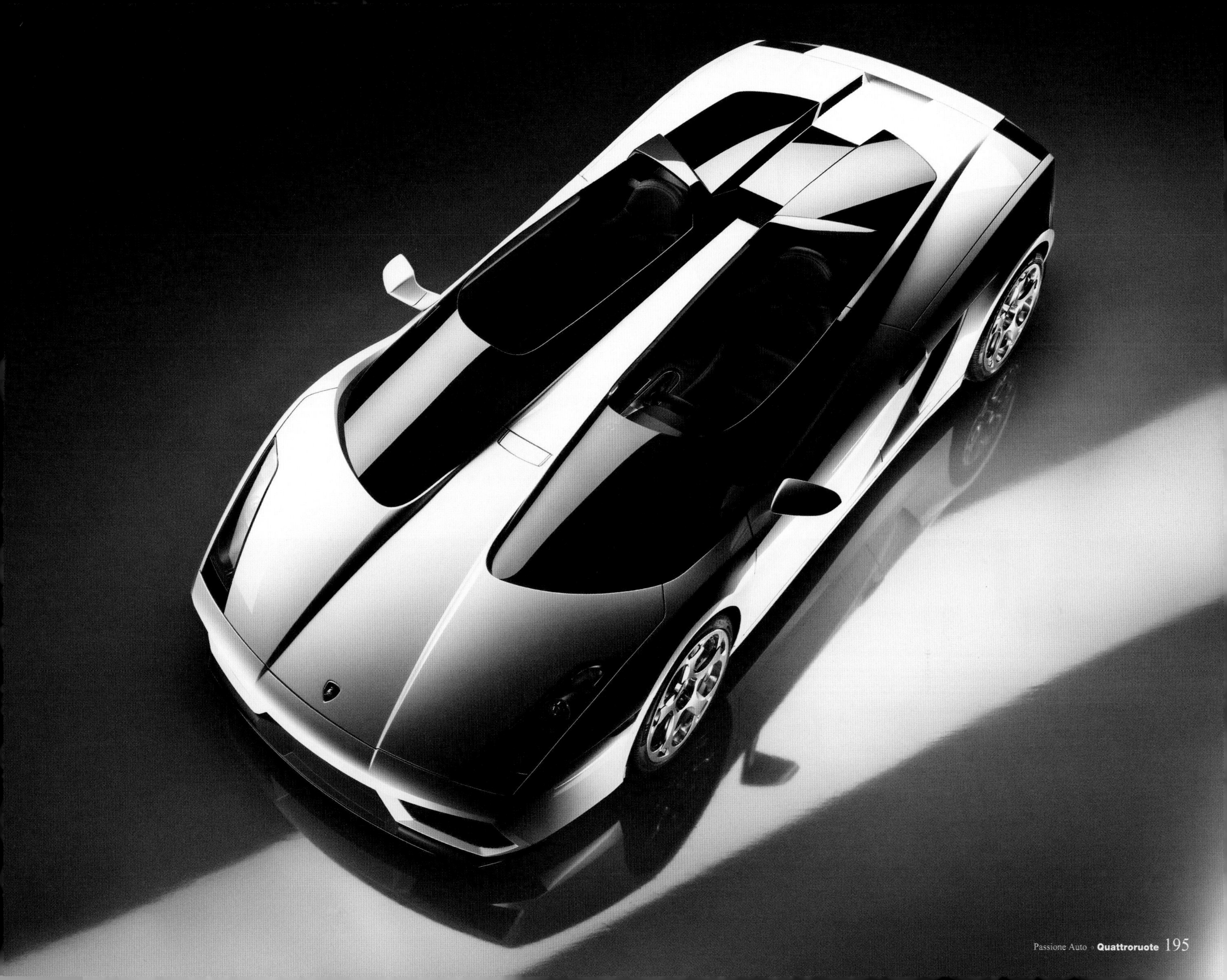

モータースポーツ

フェルッチオ・ランボルギーニは、自身がミッレミリアに参加したことがあるにもかかわらず（1948年にフィアット・チンクェチェント・トポリーノで参加。3/4の地点でコースアウトし、リタイア）、レースを好まなかった。テストドライバーのボブ・ウォレスは、フェルッチオがレースに積極的でないことを知っていたため、隠れてエンジンをチューンしていたのだが、せっかくモンスター並みにエンジンをパワーアップしても、結局はレースに出ることがなく、もっぱら次期モデルのベースになっていた。

こんな理由から、プライベート・クライアントが音頭を取って時折開催されるものを除けば、少なくとも1991年までサンタガータではオフィシャル・レースを企画することがなかった。しかしこの年、ランボルギーニはなんとF1に進出したのである。

F1参戦の企画がスタートしたのは、これより4年前の1987年であった。ランボルギーニの子会社としてランボルギーニ・エンジニアリングが設立され、マウロ・フォルギエーリ（フェラーリに12個の輝かしいタイトルをもたらした）の指揮のもと、マイナー・チームに供給する12気筒エンジンの開発が行なわれることになったのだ。その軽量でコンパクトなエンジンを最初に取得したのはローラで、89年のことである。マシーンはダルマス、ベルナール、アルボレート、アリオーに委ねられた。スペインGPでは6

コンパクトで軽量
1988年にランボルギーニ・エンジニアリングが開発したF1用のV12エンジン。バンク角は80度、全幅720mm、重量150kg。右写真は90年のイタリアGPを戦うベルナールのローラ・ラルース。左は90年のサンマリノGPに参じたロータス。双方ともランボルギーニ・エンジンを搭載。

1ポイントのみ
ランボルギーニ・エンジンを搭載したミナルディのステアリングを握るジャンニ・モルビデッリ。1992年シーズンのこのチームの結果は、クリスチャン・フィッティパルディが獲得した1ポイント——これがすべてだった。

Cad Cam
右：コンピューターで描いたランボF1のイメージ図。シャシーはカーボンファイバーとケブラーを使ったモノコックで、1989年末に完成。ホイールベース2900mm、フロントトレッド1810mm、リアトレッド1680mm、全長4410mm、全高998mm（下は未塗装のカーボンファイバー製シングルシーター）。

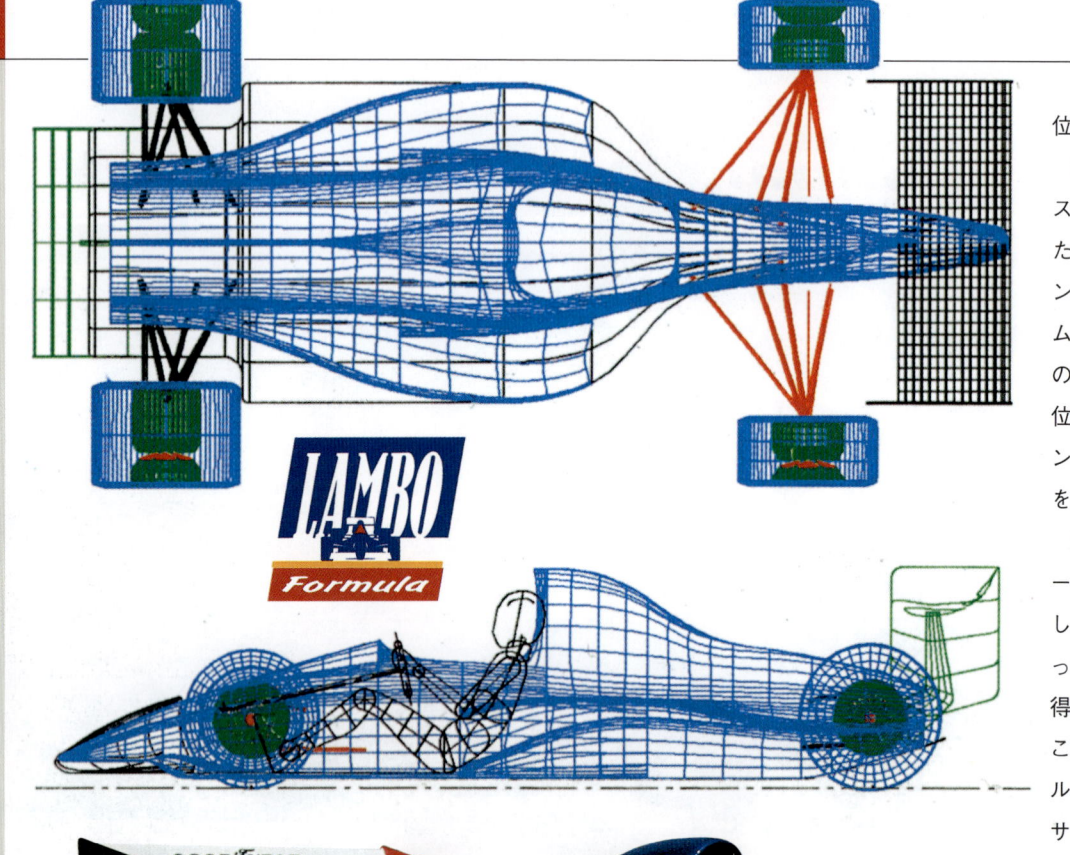

位に入賞し、初めてのポイントを獲得する。

　翌90年にはローラ・ラルースのほか、ロータスにもランボルギーニのエンジンが供給された。ローラ・ラルースは11ポイントを獲得、コンストラクターズ部門で6位となった（両チームでモナコ、イギリス、ハンガリー、スペインの各グランプリで6位、さらにイギリスGPで4位、日本GPで3位）。この結果に刺激され、ランボルギーニでは他のチームへのエンジン供給を一時中止し、自らF1に挑むことを決定する。

　登録されたチーム名は「ランボ」。ドライバーにはラリーニとヴァン・デ・ポールを起用したが、デビューイヤーは散々な結果に終わった。資金面にも問題があり、1ポイントも獲得できぬまま、シーズンを終えたのである。これによって自らの参加はあきらめ、ランボルギーニ・エンジニアリングは再びエンジンサプライヤーとなる。1992年にV12がミナルディとヴェンチュリ・ラルースに（それぞれ1ポイントずつ獲得）、翌年にはラルースに供給

198　Quattroruote・Passione Auto

された（3ポイント獲得）。

その1993年にマクラーレン（ボディにはスポンサー名なし）から朗報が届く。ランボルギーニ・エンジンの搭載を希望してきたのだ。実際、アイルトン・セナによってテストされ、結果も悪くなかったものの、最終的にマクラーレンは他と組み、ランボルギーニのエンジン搭載は実現しなかった。これを機にランボルギーニはF1エンジンの開発供給中止を決定するが、一方で94年にはタスマン・カップに、ほとんど生産モデルに近いディアブロVTで公式参戦を果たした。結果は3位だった。

再びレースの世界に足を踏み入れることになったのは1996年である。それは、ワンメイクによるチャンピオンシップ『ランボルギーニ・スーパートロフィー』で、GTロードバージョンのスペシャルモデル、ディアブロSVRが戦うことになった。3年後の99年はディアブロGTRに出番を譲る。ステファン・ラテル・レーシング・オーガニゼーションのサポートで世界中のサーキットを周り、FIA-GT、アメリカン・ルマン・シリーズ、ISRS、F1の前座で、GTRが雄姿を披露した。2001年にスーパートロフィーは中断したものの、その後、レイター・エンジニアリングとアウディ・スポーツの協力のもとで、ランボルギーニはムルシエラゴR-GTを従え、サーキットに戻ってきた。2004年にはヨーロッパ・チャンピオンシップFIA GTをはじめとするさまざまな国際レースで戦っている。

GTレース仕様

1996年からランボルギーニはワンメイクのチャンピオンシップ、スーパートロフィーを開催する。参加車輌は限定生産のファクトリー・モデルに限られている。最初のディアブロSVR（上）は99年までで、その後、GTRに代わった。GTのサスペンションとシャシーがモディファイされ、GTのホイールは変更を受け、ブレーキもレース用のそれに強化されている。オイルクーラー、シャシーに直接固定されたリアウィングを持つコンペティション・マシーンで、車重も軽量化されている。出力590ps。2004年にはムルシエラゴ（下）がサーキットに登場、FIA GTチャンピオンシップで戦うことになった。

QUATTRORUOTE | **Passione Auto**　LAMBORGHINI　dalla Miura alla Gallardo

パッション・オート『ランボルギーニ：カリスマの神話(しんわ)』

2006年1月20日　初版第1刷印刷
2006年2月3日　初版第1刷発行
QUATTRORUOTE（Editoriale Domus社）編
翻訳者＝松本 葉
監修者＝川上 完
編集協力＝日比谷一雄
発行者＝渡邊隆男
発行所＝株式会社二玄社
〒101-8419　東京都千代田区神田神保町2-2
営業部：〒113-0021　東京都文京区本駒込6-2-1　電話03-5395-0511
印刷＝図書印刷株式会社
製本＝株式会社丸山製本所
ISBN4-544-40005-8　Printed in Japan
＊定価は函に表示してあります。

JCLS （株）日本著作出版権管理システム委託出版物
本書の無断複写は著作権法上の例外を除き禁じられています。
複写を希望される場合は、そのつど事前に（株）日本著作出版権管理システム（電話 03-3817-5670, FAX 03-3815-8199）の許諾を得てください。

＊本著はEditriale Domus刊『QUATTRORUOTE PASSIONE AUTO：LAMBORGHINI』の日本語版です。

A CURA DI Manuela Piscini
ART DIRECTOR：Vanda Calcaterra
TESTI：Alessandro Giudice
REVISIONE TECNICA：Massimo De Micheli
DISEGNI E FOTOGRAFIE：Archivio Quattroruote - Archivio Ruoteclassiche
Archivio LAMBORGHINI
REALIZZAZIONE GRAFICA：Luciana Monzani(coordinamento)
Gino Napoli(caporedattore) - Massimiliano Lai

EDITORIALE DOMUS S.p.A.
Via Gianni Mazzocchi 1/3 20089 Rozzano(MI)
e-mail editorialedomus@edidomus.it　http://www.edidomus.it
© 2005 Editoriale Domus S.p.A. - Rozzano(MI)

Tutti i diritti sono riservati. Nessuna parte dell'opera può essere riprodotta o trasmessa
in qualsiasi forma o mezzo, sia elettronico, meccanico, fotografico o altro,
senza il preventivo consenso scritto da parte dei proprietari del copyright.

参考文献

書籍

- 著者多数　2004年 Brooklands Books刊
『**Lamborghini Cars 1964-1976
-Performance Portfolio**』

- 著者多数　2004年 Brooklands Books刊
『**Lamborghini Cars 1977-1989
-Performance Portfolio**』

- 著者多数
2004年 Brooklands Books刊
『**Lamborghini 1964-2004
A Brooklands Portfolio**』

- 著者多数
2004年 Brooklands Books刊
『**Lamborghini 1990-2004
Gold Portfolio**』

- J. Lewandowski著
Art and Car Edition刊
『**Lamborghini Diablo**』

- Peter Coltrin／J.F. Marchet共著
1982年
『**Lamborghini Miura**』

- Stefano Pasini著
2002年 Automobilia刊
『**Lamborghini Catalogue Raisonné
1963-2002**』

Webページ

- www.lambocars.com
ランボルギーニ・エンスージアスト・ホームページ

- www.lamborghini.com
アウトモビリ・ランボルギーニ S.p.A
オフィシャルホームページ

- www.lamborghiniregistry.com
ランボルギーニ・レジストリー・ホームページ

クアトロルオーテHP
www.quattroruote.it